この本の特色としくみ

　本書は，中学2年で学ぶ理科の内容を3段階のレベルに分けた，ハイレベルな問題集です。

　各単元は，Step A（標準問題）とStep B（応用問題）の順になっていて，章末にはStep C（難関レベル問題）があります。また，巻末には中学2年の内容をまとめた「総合実力テスト」を設けているため，総合的な実力を確かめることができます。

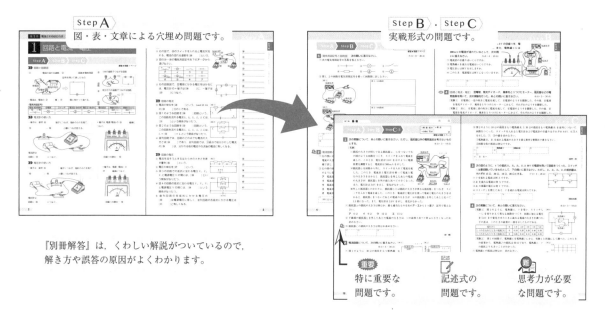

　Step A
　図・表・文章による穴埋め問題です。

　Step B ・ Step C
　実戦形式の問題です。

『別冊解答』は，くわしい解説がついているので，解き方や誤答の原因がよくわかります。

重要 特に重要な問題です。

記述 記述式の問題です。

難 思考力が必要な問題です。

CONTENTS　目　次

1 回路と電流・電圧

解答▶別冊1ページ

1 回路と回路図

① 　　　 …電流の流れる道筋　② 　　　 …回路を電気用図
記号を用いて表したもの

乾電池
スイッチ
電流の向き
豆電球

・電流は，電池の ③ 　　 極→ ④ 　　 極に向かって流れる。

⑤ 1本の道筋でつながる回路

回路

⑥ 枝分かれの道筋でつながる回路

⑦

回路

〈電気用図記号〉

電池 (直流電源)	豆電球	スイッチ	電流計 (直流用)	電圧計 (直流用)	電気抵抗	導線の交わり	導線の交わり
(−極)　(＋極)	⊗		Ⓐ	Ⓥ		接続しない	接続する

2 電流計の使い方

−端子は，最初 ⑧ 　　　 端子につなぎ，指針のふれを見て，

⑨ 　　 → ⑩ 　　 と順につなぎ変える。

＋端子は，電源 (電池) の ⑪ 　　 極側につなぐ。

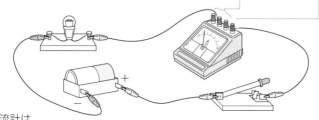

電流計は

回路に ⑫ 　　 につなぐ。

50mA 500mA 5A ＋D.C.

目盛りの読み… ⑬

3 電圧計の使い方

−端子は，最初 ⑭ 　　　 端子につなぎ，指針のふれを見て，

⑮ 　　 → ⑯ 　　 と順につなぎ変える。

＋端子は，電源 (電池) の ⑰ 　　 極側につなぐ。

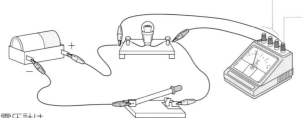

電圧計は

回路に ⑱ 　　 につなぐ。

300V 15V 3V ＋D.C.

目盛りの読み… ⑲

▶次の[　]にあてはまる語句や数値，記号を入れなさい。

4 回路と回路図

① 右の図で，㉒のスイッチを入れると電流が流れる。電流の流れる道筋を[⑳　　　]という。

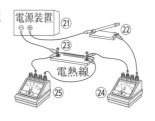

電源装置 ㉑ ㉒ ㉓ 電熱線 ㉕ ㉔

② 図の㉑〜㉕の電気用図記号を下の**ア〜ク**から選びなさい。

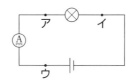

（−極）|（+極）	⊗		□
ア	イ	ウ	エ
Ⓐ（直流用）	Ⓥ（直流用）	⊣⊢	⊣⊢
オ	カ	キ	ク

③ 右の回路図で，豆電球にかかる電圧をはかるには，電圧計の＋端子は[㉖　　　]に，−端子は[㉗　　　]につなぐ。

ア ⊗ イ Ⓐ ウ

5 回路の電流

① 電流の単位を[㉘　　　]という。1mA は 1A の[㉙　　　]分の1である。

② 図1のような回路を[㉚　　　]回路という。この回路を流れる電流 I_1, I_2, I_3, I_4, I_5 には，[㉛　　　]という関係がなりたつ。

〔図1〕
I_2 I_3 I_4
I_1
I_5

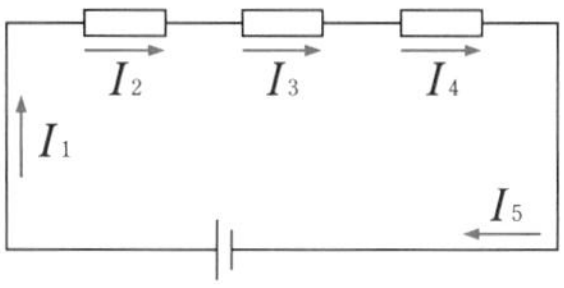

③ 図2のような回路を[㉜　　　]回路という。この回路を流れる電流 I_1, I_2, I_3, I_4, I_5 には，$I_1 =$[㉝　　　]$= I_5$ という関係がなりたつ。

〔図2〕
I_2
I_1 I_3 I_5
I_4

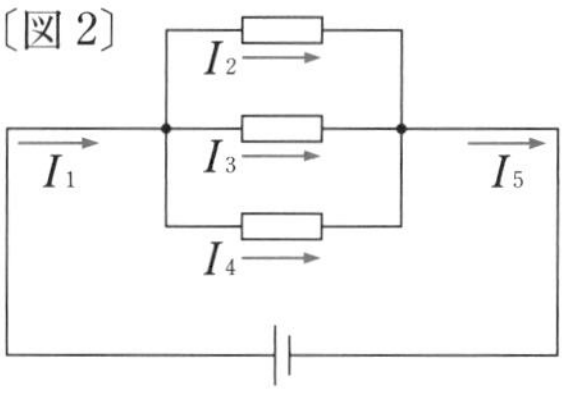

④ 直列回路では，回路のどの点でも電流の大きさは[㉞　　　]であり，並列回路では，分岐点で枝分かれした電流の[㉟　　　]は，分かれる前の電流や合流後の電流に等しくなる。

6 回路の電圧

① 電流を流そうとするはたらきの大きさを表す量を[㊱　　　]という。

② 電圧の単位を[㊲　　　]という。

③ 図3の回路での抵抗に加わる電圧 V_1, V_2, V_3 と電源電圧 V の間には，[㊳　　　]という関係がなりたつ。

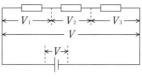

〔図3〕
V_1 V_2 V_3
V
V

④ 図4の回路の抵抗に加わる電圧 V_1, V_2, V_3 と電源電圧 V の間には，[㊴　　　]という関係がなりたつ。

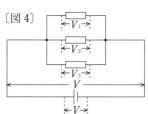

〔図4〕
V_1
V_2
V_3
V
V

⑤ 直列回路の各抵抗にかかる電圧の[㊵　　　]は電源電圧に等しく，並列回路の各抵抗にかかる電圧は[㊶　　　]と等しくなる。

⑳ _____
㉑ _____
㉒ _____
㉓ _____
㉔ _____
㉕ _____
㉖ _____
㉗ _____

㉘ _____
㉙ _____
㉚ _____
㉛ _____
㉜ _____
㉝ _____
㉞ _____
㉟ _____

㊱ _____
㊲ _____
㊳ _____
㊴ _____
㊵ _____
㊶ _____

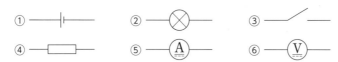

1 ［電気用図記号と回路図］　次の問いに答えなさい。　　　　　　　　（5点×8 − 40点）

(1) 次の電気用図記号の名称（めいしょう）を答えなさい。

①　—|⊢—　　　②　—⊗—　　　③　—／—

④　—▭—　　　⑤　—Ⓐ—　　　⑥　—Ⓥ—

(2) 図 1，2 の回路を電気用図記号を使って回路図に表しなさい。

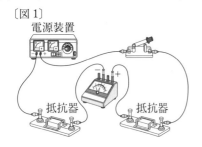

〔図 1〕
電源装置
抵抗器　　　抵抗器

図 1 の回路図

〔図 2〕
電源装置
抵抗器
抵抗器

図 2 の回路図

(1)	①　　　流電源	②	③	④	⑤
	⑥	(2)	図 1（図に記入）	図 2（図に記入）	

2 ［電流回路と回路図］　次の問いに答えなさい。　　　　　　　　　　（5点×2 − 10点）

(1) 右の図に示した実験器具をあと 4 本の導線でつなぎ，A 点における電流の大きさを測定する回路を完成させなさい。ただし，導線は実線で表し，実験器具の・印はすべて結ぶものとする。　　〔長野−改〕

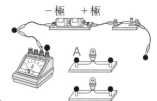

－極　＋極
A

(2) 右の図の回路でスイッチを閉じると，電流計と電圧計の測定値はどのように変化するか。次の**ア**〜**オ**から 1 つ選び，記号で答えなさい。

ア　電流計，電圧計とも大きくなる。
イ　電流計，電圧計とも小さくなる。
ウ　電流計では大きくなり，電圧計では小さくなる。
エ　電流計では大きくなり，電圧計では変わらない。
オ　電流計では小さくなり，電圧計では変わらない。

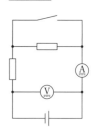

(1)（図に記入）	(2)

〔青雲高〕

4

Step **B**

第1章

第2章

第3章

第4章

総合実力テスト

3 [電流回路]　右の図の回路で，電圧計aは4.0Vの目盛りを，電流計は下の図の目盛りを指していた。また，電熱線Bには200mAの電流が流れているとして，次の問いに答えなさい。　　　　　　　　　　（5点×4－20点）

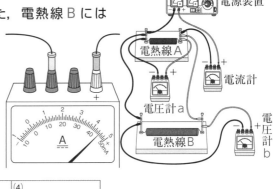

電源装置

電熱線A

電流計

電圧計a

電熱線B

電圧計b

(1) 電流計の目盛りはいくらですか。

(2) 電熱線Aを流れる電流はいくらですか。

(3) 電圧計bは何Vを示しますか。

(4) このとき，電源電圧は何Vになっていますか。

(1)	(2)	(3)	(4)

4 [回路と電流・電圧]　豆電球，発光ダイオード，風車をとりつけたモーター，抵抗器などの電気器具を用いて，次の実験を行った。あとの問いに答えなさい。　　　　（6点×5－30点）

〔実験1〕　豆電球に一定の向きに電流を流して，豆電球のようすを観察した。その後，豆電球を発光ダイオード，風車をとりつけたモーターにかえて，それぞれのようすを観察した。

〔実験2〕　次に，豆電球に逆の向きに電流を流して，豆電球のようすを観察した。その後，豆電球を発光ダイオード，風車をとりつけたモーターにかえて，それぞれのようすを観察した。

〔実験3〕　図1のように，3つの回路をつくり，豆電球a，b，cの明るさを観察した。

〔図1〕

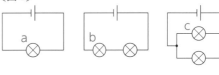

a　　　　b　　　　c

(1) 次の表は，実験1，2の結果をまとめたものである。表中の①～③について，それぞれ**ア**，**イ**のうち，適切なものを1つ選び，その記号を書きなさい。

〔図2〕

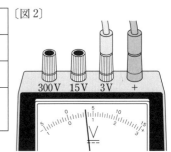

300V　15V　3V　＋

電気器具	実験1の結果	実験2の結果
豆電球	光った	① |**ア** 光った　**イ** 光らなかった|
発光ダイオード	光った	② |**ア** 光った　**イ** 光らなかった|
風車をとりつけたモーター	風車が一定の向きに回転した	風車が実験1と ③ |**ア** 同じ　**イ** 逆の| 向きに回転した

(2) 実験3について，①，②に答えなさい。

①豆電球a,b,cの明るさの関係について正しく述べたものはどれか。次の**ア～オ**から2つ選び，その記号を書きなさい。ただし，豆電球と乾電池はすべて同じ規格であり，導線の抵抗は考えないものとする。

　ア　aとbの明るさは同じである。　　**イ**　bとcの明るさは同じである。

　ウ　aとcの明るさは同じである。　　**エ**　bはaよりも明るい。

　オ　cはbよりも明るい。

②豆電球bに加わる電圧をはかると，図2のようになった。豆電球bに加わる電圧は何Vか，書きなさい。

(1)	①	②	③	(2)	①	②

〔和歌山〕

2 電流・電圧と抵抗

Step A 〉 Step B 〉 Step C 〉

解答▶別冊2ページ

1 電流と電圧の関係を調べる実験

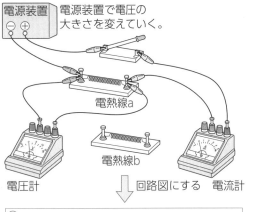

電源装置で電圧の大きさを変えていく。

電熱線a

電圧計　　回路図にする　電流計

① [空欄]

電圧〔V〕		0	2.0	4.0	6.0	8.0	10.0
電流〔A〕	電熱線a	0	0.07	0.13	0.20	0.27	0.33
	電熱線b	0	0.11	0.21	0.30	0.40	0.50

⬇ グラフにする（②）

③
⬇
④

電熱線を流れる電流は，　　に比例する。　　の法則

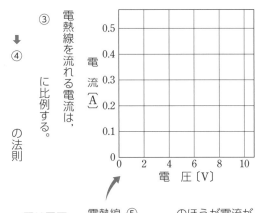

同じ電圧　➡　電熱線 ⑤　　　のほうが電流が
のとき　　　　流れにくい。

2 電流と電圧の関係

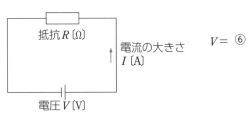

抵抗R〔Ω〕
電流の大きさ
I〔A〕
電圧V〔V〕

$V =$ ⑥ × ⑦　　　　$I = \dfrac{⑧}{⑨}$　$R = \dfrac{⑩}{⑪}$

➡　⑫　　　の法則

電圧〔V〕	0	2.0	4.0	6.0	8.0	10.0
電流〔A〕	0	0.07	0.13	0.20	0.27	0.33

⬇

R〔Ω〕
I〔A〕
V〔V〕

・表より，電圧6.0Vで電流0.20Aが流れる。

➡　抵抗$R = \dfrac{⑬}{⑭} =$ ⑮　　Ω

・電圧15Vを加えたときに流れる電流

➡　$I = \dfrac{⑯}{⑰} =$ ⑱　　A

▶次の[　]にあてはまる語句や数値を入れなさい。

3 直列・並列回路の抵抗

① 図1の直列回路に0.4Aの電流が流れている。5Ω，10Ωの抵抗に加わる電圧の大きさは[⑲　　]の法則により，それぞれ[⑳　　]V，[㉑　　]Vとなり，電源の電圧は[㉒　　]Vとなる。

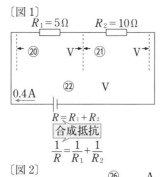

〔図1〕

$R_1 = 5\,\Omega$　　$R_2 = 10\,\Omega$

⑳ V　㉑ V

0.4A　㉒ V

$R = R_1 + R_2$

合成抵抗

$\dfrac{1}{R} = \dfrac{1}{R_1} + \dfrac{1}{R_2}$

② 図1で，回路全体の抵抗（合成抵抗）をR〔Ω〕とし，各抵抗をR_1，R_2とすると，

$0.4R = 0.4R_1 + 0.4R_2$
$\qquad = 0.4\,(R_1 + R_2)$

合成抵抗　$R = [㉓　　] + [㉔　　]$

になる。したがって，合成抵抗は[㉕　　]Ωになる。

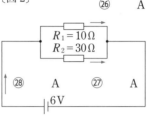

〔図2〕　　　　　㉖ A

$R_1 = 10\,\Omega$
$R_2 = 30\,\Omega$

㉘ A　㉗ A

6V

③ 図2の並列回路で，10Ω，30Ωの抵抗に流れる電流の大きさは，加わる電圧が6Vのとき，オームの法則から，それぞれ[㉖　　]A，[㉗　　]Aとなり，回路全体に流れる電流は[㉘　　]Aになる。

④ 図2の回路全体の抵抗をRとし，各抵抗をR_1，R_2とすると，

$$\dfrac{6}{R} = \dfrac{6}{R_1} + \dfrac{6}{R_2} = 6\left(\dfrac{1}{[㉙　　]} + \dfrac{1}{[㉚　　]}\right)$$

となり，合成抵抗Rの[㉛　　]は，各抵抗R_1，R_2の[㉛]の和に等しいことより，合成抵抗は[㉜　　]Ωと求めることができる。

4 物質の種類と抵抗の違い

① 導線の材料として用いられる銅は，抵抗が非常に[㉝　　]ので，回路では抵抗を[㉞　　]とみなせる。

② 銅のように，電流を通しやすい物質を[㉟　　]という。銅は抵抗が小さいため，電線に用いられている。

③ ガラスやゴムは，抵抗が非常に[㊱　　]，電流を流さないため，[㊲　　]または，絶縁体という。

④ 抵抗の大きさは電熱線の長さに[㊳　　]し，電熱線の断面積に[㊴　　]する。

⑤ 一般に家庭の配線は，[㊵　　]つなぎになっている。そのため，すべての電気器具に[㊶　　]電圧が加わる。

物質	抵抗〔Ω〕
銀	0.016
銅	0.017
鉄	0.101
金	0.022
ニクロム	1.075
タングステン	0.054
ガラス	$10^{15} \sim 10^{17}$
天然ゴム	$10^{19} \sim 10^{21}$

（断面積$1\,\mathrm{mm}^2$，長さ$1\,\mathrm{m}$，温度20℃）

⑲ _____
⑳ _____
㉑ _____
㉒ _____
㉓ _____
㉔ _____
㉕ _____
㉖ _____
㉗ _____
㉘ _____
㉙ _____
㉚ _____
㉛ _____
㉜ _____
㉝ _____
㉞ _____
㉟ _____
㊱ _____
㊲ _____
㊳ _____
㊴ _____
㊵ _____
㊶ _____

Step A 〉Step B 〉Step C

●時　間 40分　●得　点
●合格点 75点　　　　　　　点

解答▶別冊2ページ

重要 1 [全体の抵抗（ていこう）と電流・電圧]　右の図の回路で，抵抗 R_1，R_2，R_3 のそれぞれの抵抗の大きさは，10 Ω，6 Ω，3 Ωで，抵抗 R_2 には，0.5 A の電流が流れていた。次の問いに答えなさい。

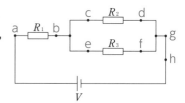

(4点×7 − 28点)

(1) 抵抗 R_3 を流れている電流は何 A ですか。

(2) 点 g を流れている電流は何 A ですか。

(3) 抵抗 R_1 に加わっている電圧（ab 間にかかる電圧）は何 V ですか。

(4) 抵抗 R_2 に加わっている電圧（cd 間にかかる電圧）は何 V ですか。

(5) ag 間の全体の抵抗（合成抵抗）は何Ωですか。

(6) gh 間にかかる電圧は何 V ですか。

(7) 電源電圧 V は何 V ですか。

(1)	(2)	(3)	(4)	(5)	(6)	(7)

2 [回路と抵抗]　次の実験について，あとの問いに答えなさい。　　　(6点×6 − 36点)

〔実験〕　図1のように，電熱線Aと電熱線Bを直列につないだ回路をつくり，スイッチを入れて，電源の電圧を変えたときの電流計と2個の電圧計の目盛りを同時に読みとり，次の①，② の関係を調べた。図3は，その結果をグラフに表したものである。

　　①PQ 間にかかる電圧と流れる電流との関係

　　②PR 間にかかる電圧と流れる電流との関係

〔図1〕
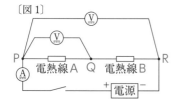

〔図2〕
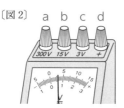

〔図3〕
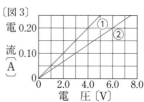

(1) 図1の PQ 間の電圧が 3.0 V であるときの，PQ 間の電圧計の針のふれは，図2のようになった。P，Q は，それぞれ電圧計の端子（たんし）a〜d のどれにつないでいるか。適当なものを1つずつ選び，記号で答えなさい。

(2) 図3から，電熱線Aの抵抗を求めると何Ωになりますか。

(3) 図3をもとにして QR 間にかかる電圧と流れる電流との関係を表すグラフを図4に描（か）きなさい。

〔図4〕

(4) 図1の回路で，電熱線Aをとりはずして半分の長さに切り，その1本を電熱線Aのかわりにつないだ。この新しい回路の PR 間に 3.0 V の電圧を加えた場合の電流の大きさは，もとの図1 の回路で PR 間に 3.0 V の電圧を加えた場合の電流の大きさの何倍ですか。

(5) 抵抗に関することについて，正しく述べているものを次の**ア〜エ**から１つ選び，記号で答えなさい。

ア 抵抗が等しい２本の電熱線を直列につなぐと，全体の抵抗はもとの１本の抵抗の$\frac{1}{2}$倍となる。

イ 抵抗が等しい２本の電熱線を並列につなぐと，全体の抵抗はもとの１本の抵抗の２倍となる。

ウ 抵抗が異なる２本の電熱線を直列につなぐと，抵抗の大きいほうに大きい電圧がかかる。

エ 抵抗が異なる２本の電熱線を並列につなぐと，抵抗の大きいほうに強い電流が流れる。

(1)	P	Q	(2)	(3) (図に記入)	(4)	(5)

〔愛 媛〕

3 [金属の抵抗] 次の実験について，あとの問いに答えなさい。

(6点×6－36点)

〔実験1〕 太さが一定の１本の金属線から，長さが異なる金属線を切りとった。この金属線を用いて図1のような回路をつくり，それぞれの金属線に0.9Vの電圧をかけ，流れる電流の大きさを測定し，金属線の長さと電流の大きさの関係を下の表にまとめた。

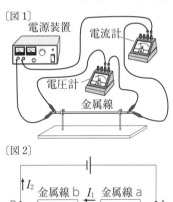
〔図1〕

金属線の長さ〔cm〕	5	10	15	20	25	30
電流の大きさ〔A〕	0.60	0.30	0.20	0.15	0.12	0.10

〔実験2〕 実験1で使用した，長さが15cmの金属線aと長さが30cmの金属線bを，図2の回路図のようにつなぎ，AB間に1.8Vの電圧をかけ，電流の大きさ I_1, I_2 を測定した。

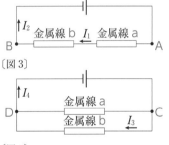
〔図2〕

〔実験3〕 実験2で使用した金属線a，bを，図3の回路図のようにつなぎ，CD間に1.8Vの電圧をかけ，電流の大きさ I_3, I_4 を測定した。

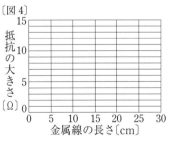
〔図3〕

(1) 実験1で，金属線の長さが20cmのとき，金属線の抵抗の大きさはいくらか，書きなさい。

(2) 実験1の結果から，金属線の長さと抵抗の大きさの関係を表したグラフを図4に描きなさい。

〔図4〕

(3) 次の文中の ① 〜 ③ にあてはまる等号（＝）または不等号（＜，＞）を，それぞれ書きなさい。

　　実験2，実験3で測定した電流の大きさの大小関係は，

I_1 ① I_2, I_2 ② I_3, I_3 ③ I_4 となる。

(4) 実験1で余った，長さがわからない金属線に，4.5Vの電圧をかけたところ，金属線を流れる電流の大きさは I_4 と同じになった。この金属線の長さはいくらか，書きなさい。

(1)	(2) (図に記入)	(3)	①	②	③	(4)

〔群馬－改〕

Step A ▷ Step B ▷ Step C-①

●時　間 40分	●得　点
●合格点 75点	点

解答▶別冊3ページ

1 次の実験について，あとの問いに答えなさい。ただし，抵抗器以外の電気抵抗は考えないものとする。
(6点×3 - 18点)

〔実験〕

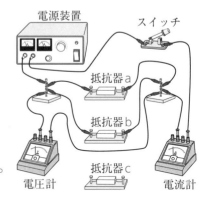

(i)抵抗の大きさが同じである抵抗器 a，b をつないで右の図のような回路をつくり，スイッチを入れて電流を流した。このとき，電圧計が3.0Vを示すように電源装置を調整すると，電流計は500mAを示した。

(ii)抵抗器 b を回路から外し，スイッチを入れて電流を流した。このとき，電流計と電圧計を使って電流と電圧の大きさをはかると，抵抗器 b を外したあとの電流の大きさが，抵抗器 b を外す前と比べて小さくなった。また，電圧計は3.0Vを示し，変化がなかった。

(iii)外した抵抗器 b のかわりに，抵抗器 b とは抵抗の大きさが異なる抵抗器 c をつなぎ，スイッチを入れて電流を流した。このとき，電流計と電圧計を使って電流と電圧の大きさをはかると，抵抗器 c をつないだあとの電流の大きさが，(ii)の抵抗器 b を外したあとと比べて1.5倍になった。また，電圧計は3.0Vを示し，変化がなかった。

(1) 抵抗器 a の抵抗の大きさは何Ωか。最も適当なものを次のア～エから1つ選び，記号で答えなさい。

　ア　6Ω　　イ　9Ω　　ウ　12Ω　　エ　15Ω

(2) 下線部の抵抗器 b を外したあとの電流の大きさは，(i)の結果と比べて何mA小さくなったか求めなさい。

(3) 抵抗器 c の抵抗の大きさは何Ωか求めなさい。

(1)	(2)	(3)

〔京　都〕

2 電流回路について，次の問いに答えなさい。
(6点×6 - 36点)

(1) 図1のように，30Ωの抵抗をもつ電熱線 R_1 と抵抗の値が未知の電熱線 X を直列につないで回路をつくった。電源装置の電圧を9.0Vにしてスイッチを入れると，電圧計の目盛りは6.0Vを示した。①～③の値を求めなさい。

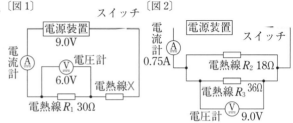

①電流計の目盛りは何Aを示しますか。

②電熱線 X の抵抗は何Ωですか。また，回路全体の抵抗は何Ωですか。

③次に，電圧計の目盛りが9.0Vを示すように電源装置の電圧を調整した。このとき電源装置の電圧は何Vですか。

(2) 図2のように18Ωの抵抗をもつ電熱線 R_2 と36Ωの抵抗をもつ電熱線 R_3 を並列につないで，回路をつくった。スイッチを入れると電圧計および電流計の目盛りはそれぞれ9.0V，0.75Aを示した。①，②の値を求めなさい。

①電熱線 R_2, R_3 を流れる電流の大きさを最も簡単な整数比で書きなさい。

②回路全体の抵抗は何Ωですか。

〔岐阜－改〕

3 次の図のように，4つの抵抗 R_1, R_2, R_3, R_4 と90Vの電源を用いて回路をつくった。スイッチSは最初開いているものとして，下の問いに答えなさい。ただし，R_1, R_2, R_3, R_4 の抵抗値は，それぞれ15Ω，30Ω，10Ω，20Ωとする。　　(7点×4－28点)

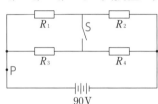

(1) Pを流れる電流は何Aですか。

(2) R_1 を流れる電流は何Aですか。

(3) R_3 の両端の電圧は何Vですか。

(4) スイッチSを閉じたあと，Pを流れる電流は何Aですか。

(1)	(2)	(3)	(4)

〔同志社高〕

4 次の実験について，あとの問いに答えなさい。　　(6点×3－18点)

〔実験1〕 図1のように，電熱線X，Yを用い，スイッチ S_1〜S_3 を切りかえて異なる回路をつくり，回路に加える電圧を5.0Vまで変化させたときに流れる電流の大きさを調べた。下の表は，このときの結果の一部を示したものである。

〔図1〕
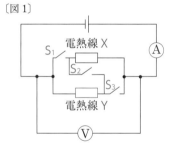

電圧〔V〕	0	1.0	2.0	3.0	4.0	5.0
S_1 のみを入れたときの電流〔A〕	0	0.10	0.20	0.30	0.40	0.50
S_3 のみを入れたときの電流〔A〕	0	0.05	0.10	0.15	0.20	0.25

〔実験2〕 図1の回路で，電熱線Xを電熱線Zにかえ，実験1と同様にして調べた。このときの結果から，電熱線Zの抵抗は60Ωであり，電熱線X，Yの抵抗より大きいことがわかった。

〔図2〕
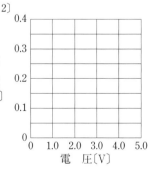

(1) 電熱線Xの抵抗は何Ωか，求めなさい。

(2) 実験2で，S_1 と S_3 の両方を入れたときの，回路に加える電圧と流れる電流の関係を表すグラフを図2に描きなさい。ただし，電熱線以外の抵抗は考えないものとする。

(3) 実験2で，次のア〜エのようにスイッチを入れて回路に同じ大きさの電圧を加えたとき，電流計の値が大きい順になるように，ア〜エを並べかえて記号を書きなさい。

ア S_1 のみ　イ S_2 のみ　ウ S_3 のみ　エ S_1 と S_3 の両方

〔秋　田〕

3 電流の利用

Step A 〉 Step B 〉 Step C 〉

解答▶別冊 4 ページ

1 電流による発熱を調べる実験

・下図に線をかきこみ，回路を完成させなさい。(①)

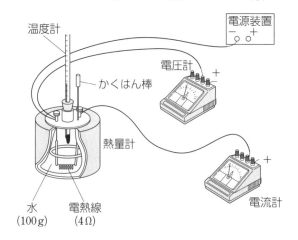

・左図を下の □ に回路図で表しなさい。(②)

回路図

〔実験 1〕

電　圧〔V〕	3.0	4.0	5.0	6.0
電　流〔A〕	0.8	1.0	1.3	1.5
電圧×電流〔V・A〕	2.4	③	④	9.0
上昇温度〔℃〕	1.7	2.8	4.5	6.4

（水 100 g に 5 分間電流を流し，水をよくかき混ぜて水温を測定）

水の上昇温度

➡ 電圧× ⑥　　　に ⑦　　　する。

グラフにする(⑤)

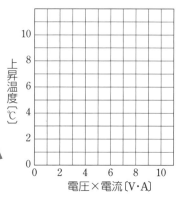

〔実験 2〕

時　間〔分〕	0	1	2	3	4	5
水　温〔℃〕	20.0	20.6	21.0	21.7	22.2	22.8
0 分からの上昇温度〔℃〕	0	⑧	1.0	1.7	⑨	2.8

（4 Ω の電熱線に 4.0 V の電圧をかけ，1 分ごとに水温を測定）

水の上昇温度

➡ 電流を流す ⑪　　　に ⑫　　　する。

グラフにする(⑩)

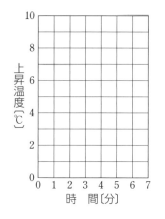

▶次の[　]にあてはまる語句や数値を入れなさい。

2 電力と電力量

① [⑬　　]と[⑭　　]の積を電力といい，[⑮　　]や光，音を出したり，物体を動かしたりする能力を表すのに使用されている。

② 電力の単位には[⑯　　]W が使われる。1W は，1V の電圧を加えて[⑰　　]A の電流が流れたときの電力である。1kW は 1W の 1000 倍である。

③ 電力を P〔W〕，電流を I〔A〕，電圧を V〔V〕で表すと，
P〔W〕=[⑱　　]〔A〕×[⑲　　]〔V〕

④ 電力と[⑳　　]の積を電力量といい，ある時間に消費する電力の量である。単位には実用的に[㉑　　]（記号 Wh），キロワット時（記号 kWh）が使われる。
電力量 W〔Wh〕，電力 P〔W〕，時間を t〔h〕で表すと
W〔Wh〕=[㉒　　]〔W〕×[㉓　　]〔h〕

⑤ 100V − 1000W と表示された電気器具を，100V の電源につなぐと，[㉔　　]A の電流が流れ，この器具の抵抗値は，オームの法則より[㉕　　]Ω となる。

⑥ 100V − 100W 表示の電球を 50V の電圧で使用すると，抵抗値は[㉖　　]Ω なので，流れる電流は[㉗　　]A で，電力は[㉘　　]W となり，100W の能力が出せず，明るさは暗くなる。

⑦ 100V − 60W 表示の電球を，100V の電源で，5 時間使用したときの消費電力量は[㉙　　]Wh である。

3 発生した熱量と電力

① 1W の電力で[㉚　　]秒間電流を流したときに発生する熱量が1J（ジュール）である。熱量の単位には[㉛　　]（記号 cal）もあり，1cal は約 4.2J である。

② 電流による発熱量 Q〔J〕は，[㉜　　]〔A〕×[㉝　　]〔V〕および[㉞　　]〔s〕に比例する。この関係をジュールの法則という。
発熱量〔J〕=電流〔A〕×電圧〔V〕×時間〔[㉟　　]〕

③ 100V − 800W 表示の電気ポットに 5 分間電流を流すと，[㊱　　]J の熱量が発生する。

④ 12 ページで，4 Ω の電熱線に 4V の電圧を加え，5 分間電流を流したとき，発生する熱量は[㊲　　]J になる。

⑤ 12 ページの実験 1 から，④のときに水 100g の得た熱量は，水 1g を 1℃ 上昇させるのに必要な熱量は 4.2J であることから[㊳　　]J となり，電熱線から発生した熱量より小さい値になる。これは，発生した熱が水をあたためるとき，熱の一部が[㊴　　]からである。

⑬ ____
⑭ ____
⑮ ____
⑯ ____
⑰ ____
⑱ ____
⑲ ____
⑳ ____
㉑ ____
㉒ ____
㉓ ____
㉔ ____
㉕ ____
㉖ ____
㉗ ____
㉘ ____
㉙ ____
㉚ ____
㉛ ____
㉜ ____
㉝ ____
㉞ ____
㉟ ____
㊱ ____
㊲ ____
㊳ ____
㊴ ____

Step A 〉 Step **B**-① 〉 Step **C**

●時　間	40分	●得　点	
●合格点	75点		点

解答▶別冊 5 ページ

1 ［電流による発熱］　電熱線で消費する電力と電熱線の発熱による水の上昇温度の関係を調べるために，抵抗の値が異なる 3 種類の電熱線 X 〜 Z を用いて，図 1 の装置で実験を行った。あとの問いに答えなさい。　　　　　　　　　　　　（7 点× 4 － 28 点）

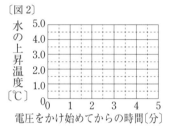

〔図 1〕

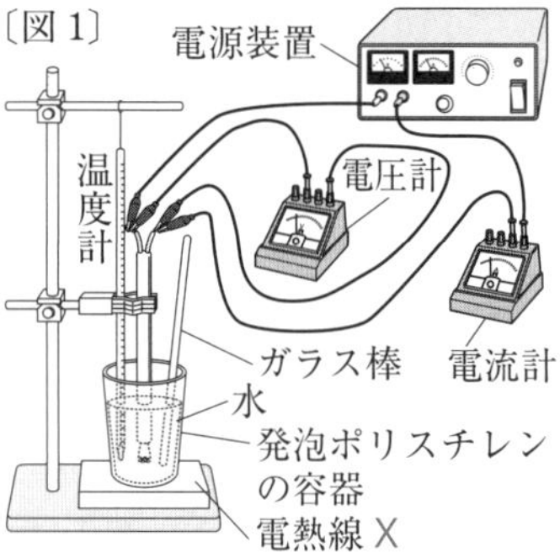

〔実験〕

(i) 装置に電熱線 X をとりつけたあと，発泡ポリスチレンの容器に 100 g の水を入れ，水の温度を測定した。

(ii) 電圧計の示す値が 6 V になるように電圧をかけ，電熱線 X に流れる電流を電流計で測定した。

(iii) 容器内の水をガラス棒でゆっくりかき混ぜ，電圧をかけ始めてから 1 分ごとに水の温度を測定した。

(iv) 電熱線 X を電熱線 Y，Z にとりかえ，(i)〜(iii)と同様のことをそれぞれ行った。

(1) 表 1 は，電熱線 X についての実験結果である。これをもとに，電熱線 X に電圧をかけ始めてからの時間と水の上昇温度の関係を表すグラフを，図 2 に描きなさい。

〔表 1〕

電圧をかけ始めてからの時間〔分〕	0	1	2	3	4	5
水の温度〔℃〕	27.7	28.5	29.3	30.1	30.9	31.7

〔図 2〕

（水の上昇温度〔℃〕 5.0 / 4.0 / 3.0 / 2.0 / 1.0 / 0　電圧をかけ始めてからの時間〔分〕 0 1 2 3 4 5）

(2) 電熱線 X に電圧をかけ始めてから 6 分 30 秒後には，水の温度は何℃になっていると考えられるか。最も近いものを，次の**ア**〜**エ**から 1 つ選び，記号で答えなさい。ただし，電圧をかけ始めてからの時間が 5 分以降も，水の温度が上昇する割合は変わらないものとする。

ア 31.9℃　　**イ** 32.9℃　　**ウ** 33.9℃　　**エ** 34.9℃

(3) 表 2 は，電熱線 X 〜 Z についての実験結果であり，次の文は表 2 から考えられることをまとめたものである。　①　には，X 〜 Z のうち，あてはまる記号を 1 つ書きなさい。また，　②　にあてはまる語を書きなさい。

〔表 2〕

	電熱線 X	電熱線 Y	電熱線 Z
電圧をかけ始めたときの水の温度〔℃〕	27.7	27.8	27.5
電圧をかけ始めてから 5 分後の水の温度〔℃〕	31.7	33.4	37.5
電流計の示す値〔A〕	1.00	1.40	2.50

　抵抗の値が最も小さいのは，電熱線　①　である。また，電熱線で消費される電力と 5 分後の水の上昇温度は，　②　の関係にある。

(1) （図に記入）	(2)	(3) ①	②

〔山形－改〕

2 ［電流による発熱］　抵抗値の異なる電熱線を 2 個ずつ用意し，次の図のような回路をつくった。水槽 1 と水槽 3 には同じ抵抗値の電熱線が入っている。電源は 3.0 V で，電熱線は同じ量の水（100 g）につけてあり，水温を調べることができるものとする。水槽 1 と水槽 2 の上昇温度の比は 1：2 で，電流計の読みは 0.50 A だった。熱は電熱線からすべて水に伝わるものとして，次の問いに答えなさい。

（7 点× 6 － 42 点）

(1) 水槽1と水槽2の電熱線の抵抗値の比はいくらですか。

(2) 水槽3の電熱線にかかる電圧は何Vですか。

(3) 水槽4の電熱線の抵抗値は何Ωですか。

(4) 水槽1の電熱線の電力は何Wですか。

(5) 5分間電流を流したとき，水槽2の電熱線から発生する熱量は何Jですか。ただし，1Wの電力を1秒間使用したときに発生する熱量を1Jとする。

(6) 10分間電流を流したとき，水槽1の水温は何度上昇するか，小数第1位まで求めなさい。ただし，水1gを1℃上昇させるのに，4.2Jの熱量を必要とする。

(1) 水槽1：水槽2 =		(2)	(3)	(4)
(5)		(6)		

〔愛光高-改〕

3 [電流による発熱]　電熱線の発熱量を調べる実験を行った。あとの問いに答えなさい。ただし，電熱線から発生した熱はすべて水の温度上昇に使われるものとする。　　　　(6点×5 - 30点)

〔実験〕

(i) 4Vの電源につなぐと，消費する電力が4Wの電熱線A，8Wの電熱線B，16Wの電熱線Cを用意した。

(ii) 発泡ポリスチレンのカップに室温と同じ温度の水を一定量入れ，図1の装置を使って電熱線Aに4Vの電圧を加えた。

(iii) ときどきかき混ぜながら，2分ごとに水温を測定した。

(iv) 電熱線B，Cを使って同様の実験を行い，結果を図2にまとめた。

〔図1〕電源装置　スイッチ　温度計　ガラス棒　導線つきの電熱線　発泡ポリスチレンのカップ

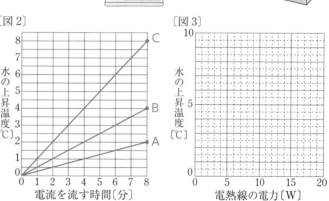

〔図2〕　〔図3〕

(1) 電熱線Aの抵抗値は何Ωか，求めなさい。

(2) 電熱線の発熱量についてまとめた次の文の空欄　①　，　②　に適切な言葉を書きなさい。

一定電圧のもとでは，発熱量は電流を流す時間に　①　する。また，電熱線の電力の値が大きいほど，発熱量は　②　くなる。

(3) 図2のグラフから読みとった値を使って，電流を8分間流したときの，電熱線の電力と水の上昇温度の関係を表すグラフを図3に描きなさい。

(4) 再度，電熱線Aを使って実験(ii)，(iii)を行った。途中で電圧を8Vに変えると，実験開始から8分後の水の上昇温度が6.5℃になった。電圧を変えたのは実験開始から何分後か求めなさい。

(1)	(2) ①	②	(3) （図に記入）	(4)

〔富山-改〕

1 [電流による発熱]　電圧の一定な電源装置，抵抗の値がわからない電熱線A，抵抗の値が10Ωの電熱線B，2つのスイッチS₁，S₂，電流計，電圧計を用いて，次の実験Ⅰ，Ⅱ，Ⅲを順に行った。電熱線で発生した熱はすべて水の温度上昇に使われるものとする。あとの問いに答えなさい。

（5点×6－30点）

〔図1〕

〔図2〕

Ⅰ．図1のような回路をつくり，水の入った熱を伝えにくい容器に電熱線AとBを入れ，スイッチS₁のみを閉じて電流を流した。このとき，電圧計は4V，電流計は0.8Aを示した。

Ⅱ．ガラス棒を用いて水をかき混ぜながら，水の温度を6分間測定した。図2はその結果をグラフに表したものである。

Ⅲ．電流を流しはじめてから6分後に，スイッチS₁を開くと同時にスイッチS₂を閉じ，ガラス棒で水をかき混ぜながら，さらに，電流を6分間流し続けた。

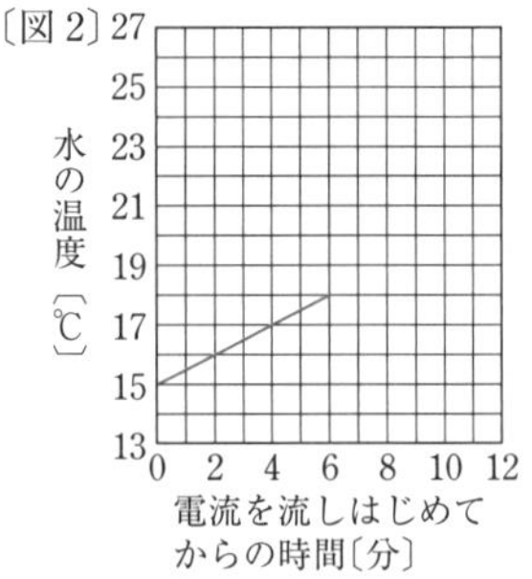

(1)電熱線Aの抵抗の値は何Ωですか。

(2)実験Ⅱの6分間に，電熱線Aから発生した熱量は何Jですか。ただし，1Wの電力は，1秒間に1Jの熱量を発生するものとする。

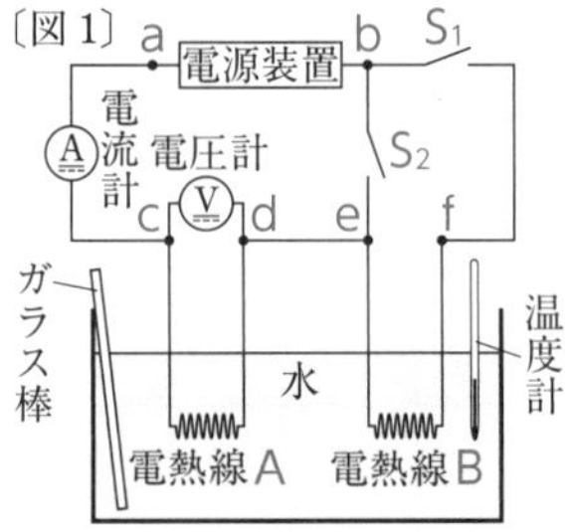

(3)実験Ⅰで，回路内のab間の電圧をV_1，cd間の電圧をV_2，ef間の電圧をV_3としたとき，V_1，V_2，V_3の関係を正しく表しているものはどれか。次の**ア**〜**エ**から1つ選び，記号で答えなさい。また，V_1の値は何Vですか。

ア $V_1 + V_2 = V_3$　　**イ** $V_1 = V_2 + V_3$　　**ウ** $V_1 + V_3 = V_2$　　**エ** $V_1 = V_2 = V_3$

(4)実験Ⅲで6分間電流を流したとき，電熱線Aから発生する熱量は何Jですか。

(5)実験Ⅱ，Ⅲで，電流を流しはじめてからの時間と水の温度との関係を表したグラフを選びなさい。

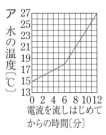
ア

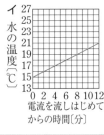
イ

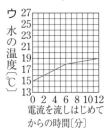
ウ

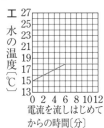
エ

(1)	(2)	(3) 記号	値	(4)	(5)

〔栃木－改〕

2 [消費電力]　1Ωの抵抗Rを用いて，図の①〜③の回路をつくり，電源装置の電圧を調節して，電源装置から流れ出る電流の大きさを，どの回路でも1Aになるようにした。次の問いに答えなさい。

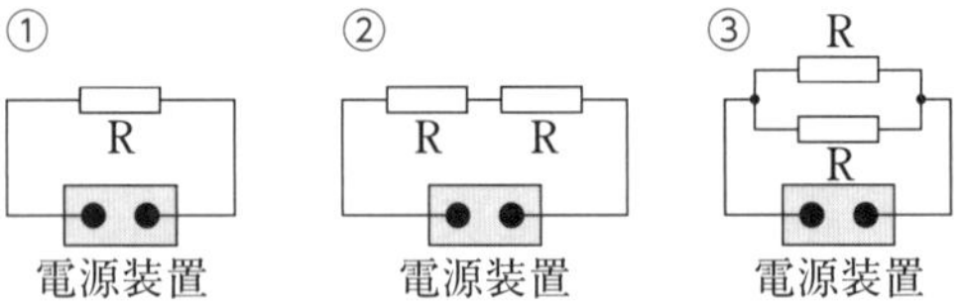

①

電源装置

②

電源装置

③

電源装置

（5点×3－15点）

(1)②の回路の1つの抵抗の消費電力は，①の回路の消費電力と比べて，「大きい」か「小さい」か「同じ」か，答えなさい。

(2) 接続されている抵抗全体で消費される電力が最も小さい回路はどれですか。すべて同じ場合は，「すべて同じ」と答えなさい。

(3) ②の回路に接続されている抵抗全体で発生する熱量を 1654 J にしたい。②の回路に電流を何分何秒間流せばよいですか。

〔大阪教育大附高(池田)〕

3 [電流による発熱]　図1のような装置を用いて，電熱線 P (6V－6W)，Q (6V－9W)，R (6V－18W) に電流を流し，水の上昇温度を調べる実験をした。図のポリエチレンのビーカーには室温と同じ温度の水を 85 g 入れ，電圧 6.0 V を加え，ときどき水をかき混ぜ，1分ごとの水温を測定した。図2は，電熱線 P，Q，R それぞれに電流を流した時間と水の上昇温度の関係をグラフに表したものである。これらをもとに，次の問いに答えなさい。　(5点×8－40点)

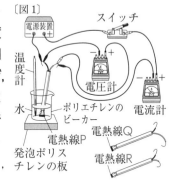

〔図1〕

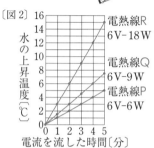

〔図2〕

(1) 電流計の－端子には，50 mA，500 mA，5 A の3つの端子があり，まず 5 A の－端子につなぐ。その理由を書きなさい。

(2) 次の文の（　）内については①，②のうち正しいものを選び，□□□内には，単位を記号で書きなさい。

　実験の結果から，電流を流す時間が同じならば，ワット数が大きいほど，また，同じワット数ならば電流を流す時間が長いほど，発生する熱量は（①大きく　②小さく）なる。1 W の電力を1秒間使用したときに発生する熱量は 1□□□ である。

(3) 電熱線 P の抵抗は何 Ω ですか。

(4) 電熱線 Q で5分間に発生した熱量は何 J ですか。

(5) 実験で，電熱線を 6 V － 15 W の電熱線にとりかえて，同じように実験すると，4分後の水の上昇温度は何℃になりますか。

(6) 電熱線 R の15分間の使用電力量は何 Wh ですか。また，この電力量で水温は何℃上昇しますか。

〔香川－改〕

4 [電力量]　抵抗A～Cと電池を図のように接続した。次の問いに答えなさい。　(5点×3－15点)

(1) 抵抗A～Cの抵抗の大きさが同じであるとき，抵抗Aの発熱量は抵抗Cの発熱量の何倍か。次の**ア**～**オ**から選び，記号で答えなさい。
ア 0.25倍　**イ** 0.5倍　**ウ** 1倍　**エ** 2倍　**オ** 4倍

(2) 抵抗A～Cの抵抗の大きさがそれぞれ 3 Ω，9 Ω，12 Ω であり，電池の電圧が 24 V であった。この回路に2時間電流を流すとき，抵抗BとCそれぞれの電力量を求めなさい。

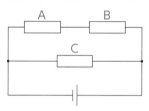

〔青雲高－改〕

静電気と電流

Step A 〉 Step B 〉 Step C

解答▶別冊6ページ

1 静電気

① 静電気の性質

・物質どうしをこすり合わせると発生する電気を ① 　　　　　という。

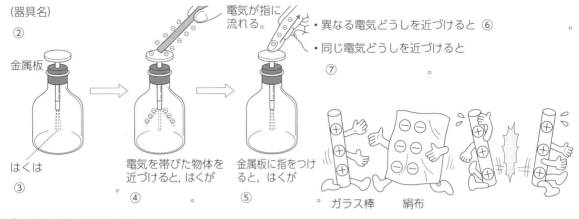

(器具名)
②

金属板

電気が指に流れる。

・異なる電気どうしを近づけると ⑥ 　　　　　。

・同じ電気どうしを近づけると

⑦ 　　　　　。

はくは
③

電気を帯びた物体を近づけると, はくが　　　　。
④

金属板に指をつけると, はくが　　　　。
⑤

ガラス棒　　絹布

② 静電気が起こるしくみ

すべての物質は原子からできている。(原子は電気的に中性)

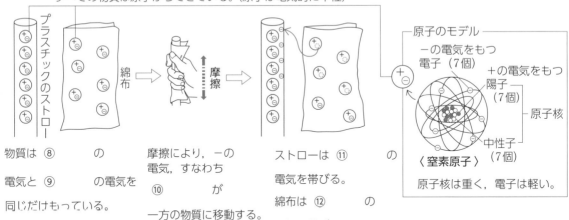

物質は ⑧ 　　　の　電気と ⑨ 　　　の電気を同じだけもっている。

摩擦により, −の電気, すなわち ⑩ 　　　が一方の物質に移動する。

ストローは ⑪ 　　　の電気を帯びる。
綿布は ⑫ 　　　の電気を帯びる。

─原子のモデル─
−の電気をもつ
電子(7個)
+の電気をもつ
陽子(7個)
中性子(7個)
─原子核
〈窒素原子〉
原子核は重く, 電子は軽い。

2 放電と電流

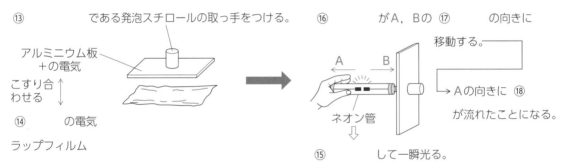

⑬ 　　　である発泡スチロールの取っ手をつける。

アルミニウム板
+の電気
こすり合わせる↕
⑭ 　　　の電気
ラップフィルム

⑯ 　　　がA, Bの ⑰ 　　　の向きに移動する。

→Aの向きに ⑱ 　　　が流れたことになる。

ネオン管

⑮ 　　　して一瞬光る。

▶次の[　]にあてはまる語句や記号を入れなさい。

3 静電気とその性質

① 2種類の異なる物質どうしの摩擦によって生じる電気を[⑲　　]という。

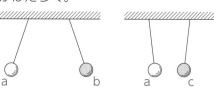

こする前　　　　　　　　　　　　　　こすったあと
A　B　　　　A　B　　　　A　B

② 右の図のAとBとをこすり合わせると，Aの物質の中にある−の電気をもつ[⑳　　]という小さな粒子がBの物質に移動して，Bは[㉑　　]の電気を，Aは[㉒　　]の電気を帯びる。

③ 同じ電気を帯びた物体どうしは[㉓　　]力がはたらき，違う電気を帯びた物体どうしは[㉔　　]力がはたらく。

④ 異なった布で，別々に摩擦した発泡スチロールの球を3個糸でつるすと右の図のようになった。aの球と同じ種類の電気をもつ球は，[㉕　　]で，bとcの球を近づけると[㉖　　]。また，aを摩擦した布と同じ種類の電気をもっている球は[㉗　　]である。

⑲ ＿＿＿＿＿＿＿

⑳ ＿＿＿＿＿＿＿

㉑ ＿＿＿＿＿＿＿

㉒ ＿＿＿＿＿＿＿

㉓ ＿＿＿＿＿＿＿

㉔ ＿＿＿＿＿＿＿

㉕ ＿＿＿＿＿＿＿

㉖ ＿＿＿＿＿＿＿

㉗ ＿＿＿＿＿＿＿

4 静電気と電流

① たまっていた静電気が，電気を通しやすい物体にふれると流れ出す現象や，電気が流れにくい空気中を，火花を出し一瞬に電気が流れるいなずまなどの現象を[㉘　　]という。

② ガラス管の2つの電極間に数万ボルトの電圧をかけ，空気を真空ポンプで抜いていくと[㉙　　]が起こり，−の電気を帯びた[㉚　　]が，−極（陰極）から飛び出して＋極（陽極）へと流れる。この[㉚]の流れを陰極線という。

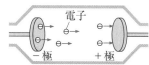

電子

−極　　　＋極

〈真空放電と電子の流れ〉

㉘ ＿＿＿＿＿＿＿

㉙ ＿＿＿＿＿＿＿

㉚ ＿＿＿＿＿＿＿

5 放射線

① ドイツの科学者であるレントゲンが見つけた放射線を[㉛　　]という。放射線には物質を[㉜　　]する性質があり，放射線の種類によって，[㉜]する力に違いがある。

② 放射線を出す物質を[㉝　　]といい，放射線を出す能力のことを[㉞　　]という。

③ 放射線を受けることを[㉟　　]するといい，放射線を大量に[㉟]すると，健康な細胞を傷つける可能性がある。

④ 放射線は，X線撮影など[㊱　　]の分野や，農業，工業の分野でも利用されている。

㉛ ＿＿＿＿＿＿＿

㉜ ＿＿＿＿＿＿＿

㉝ ＿＿＿＿＿＿＿

㉞ ＿＿＿＿＿＿＿

㉟ ＿＿＿＿＿＿＿

㊱ ＿＿＿＿＿＿＿

Step A 〉 Step B 〉 Step C 〉

●時　間 45分	●得　点
●合格点 75点	点

解答▶別冊7ページ

1 [静電気]　図を見て，次の問いに答えなさい。　　　　　　（4点×5－20点）　〔図1〕

記述 (1) 図1のようなポリエチレンのひもを細かくさいて手でこすりあわせるとど
うなるか，説明しなさい。

(2) 図2のようにストローをシートで摩擦し電気を起こした。下の文の〔　　〕
に適当な語句を入れなさい。

摩擦したシートを近づ
けると〔①　　　〕。これ
は，互いに〔②　　　〕電気
をもつからである。摩擦し
たストローを近づけると
〔③　　　〕。これは，互い
に〔④　　　〕電気をもつからである。

〔図2〕

(1)				
(2)	①	②	③	④

重要 **2** [静電気]　次の問いに答えなさい。　　　　　　　　　　（4点×12－48点）

(1) プラスチックのストローと綿布を摩擦すると，それぞれに静電気が帯びるようすを説明した次
の文の〔　　〕にあてはまる語句を書きなさい。同じ語句を何度使用してもよい。

摩擦前のこの2つの物体には，それぞれ＋，－の電気を〔①　　　〕もっているので，電気
を帯びて〔②　　　〕。摩擦すると，綿布の〔③　　　〕の電気が，ストローに移動するため，
〔④　　　〕の電気の数が少なくなった綿布は〔⑤　　　〕の電気を帯び，〔⑥　　　〕の電気が多
くなったストローは〔⑦　　　〕の電気を帯びることになる。ガラス棒を綿布で摩擦すると，ガ
ラス棒の－の電気が綿布に移動するのでガラス棒は〔⑧　　　〕の電気を帯びることになる。

2種類の物体を摩擦し，静電気が帯びるとき，その2種類の物体はそれぞれ〔⑨　　　〕種類
の電気を帯びる。

(2) 右の図のはく検電器の金属板に，－の電気を帯びたエボナイト棒を接触させるとはく検電器の
ようすはどうなるか。次のア～オから1つ選び，記号で答えなさい。

はく検電器

ア　はくは＋の電気を帯び，開く。

イ　はくは＋の電気を帯びて開くが，すぐ閉じる。

金属板

ウ　はくは－の電気を帯び，開く。

エ　はくは－の電気を帯びて開くが，すぐ閉じる。

オ　はくは－の電気を帯びるが閉じたままである。

はく

(3) 冬の乾燥した日，ドアのノブ（金属）に指がふれようとしたとき，バチッと音がし，火花が見ら
れることがある。

①この現象の説明として適切なものを次のア～エから1つ選び，記号で答えなさい。

ア　ドアのノブに流れていた電流が指に流れ，火花が出た。

イ　指とノブとの摩擦（まさつ）によって電気が生じ，火花が出た。

ウ　からだにたまっていた電気が空気中に移動し，火花が出た。

エ　からだにたまっていた電気とノブにたまっていた電気が反発し合って，火花が出た。

②①の現象は，夏に見られるいなずまと同じ現象である。この現象を漢字2字で書きなさい。

(1)	①	②	③	④	⑤	⑥	⑦
⑧	⑨		②	(3) ①		②	

3 [静電気]　右の①～④は，物質どうしを摩擦したときに，静電気が起こるしくみやその性質について，模式的な図を用いて説明したものである。図中の●と○は，それぞれ＋あるいは－の電気のいずれかを表している。次の問いに答えなさい。　(4点×5 − 20点)

(1) 図中の●は＋，－のいずれの電気を表していますか。

(2) ③，④で力がはたらくとあるが，それらの力は反発し合う力か，引き合う力か，それぞれ答えなさい。

(3) ③，④ではたらく力は静電気力とよばれる力である。この静電気力のように，物体が離（はな）れていてもはたらく力を1つ答えなさい。

(4) 静電気で起こる自然現象の例を1つあげなさい。

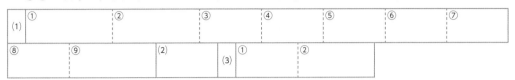

① 物質の中にはふつう＋の電気と－の電気が同じだけある。

ストロー　綿布

② ・で示した電気が綿布からストローに移動し，物質の中の電気にかたよりが生じる。

ストローと綿布を摩擦する

③ 綿布で摩擦したストローどうしを近づけると，力がはたらく。

④ ストローと綿布を互いに摩擦したあと近づけると，力がはたらく。

(1)	(2) ③	④	(3)	(4)

〔広島大附高〕

4 [電気の正体]　発泡（はっぽう）スチロールの取っ手をアルミニウム板につけ，これを広げたラップフィルムやナイロンの布とこすり合わせた。このあとアルミニウム板に手で持ったネオン管をつけると，次のような実験結果が得られた。次の問いに答えなさい。　(4点×3 − 12点)

〔結果A〕ラップフィルムとこすったアルミニウム板にネオン管をつけたら，ネオン管の電極は，手で持ったほうが光った。

〔結果B〕ナイロンの布とこすったアルミニウム板にネオン管をつけたら，ネオン管の電極は，アルミニウム板のほうが光った。

(1) ネオン管が光るのはなぜですか。

(2) 結果Aで手で持ったほうの電極が光ったのはなぜですか。

(3) 結果AとBで光る電極が違（ちが）うのはなぜですか。

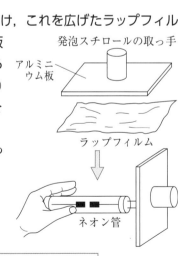

発泡スチロールの取っ手

アルミニウム板

ラップフィルム

ネオン管

(1)	(2)
(3)	

月　　　日

Step A 〉 Step B 〉 Step C-②

●時　間 45分	●得　点
●合格点 70点	点

解答▶別冊7ページ

1 11個の抵抗と電圧 V〔V〕の等しい3個の電池，電圧10V の電池を用いて，図1～4の回路をつくった。このとき図 1のa点，図2のb点，図3のc点，図4のd点を流れる 電流の大きさはすべて同じであった。次の問いに整数また は小数で答えなさい。　　　　　　　　　　（4点×7 − 28点）

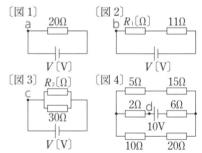

(1) 図2の抵抗 R_1〔Ω〕，図3の抵抗 R_2〔Ω〕をそれぞれ求め なさい。

(2) 図2の R_1〔Ω〕の抵抗での消費電力は，図1の20Ωの抵抗での消費電力の何倍ですか。

(3) 図1の20Ωの抵抗での消費電力は，図3の R_2〔Ω〕の抵抗での消費電力の何倍ですか。

(4) 図3の R_2〔Ω〕と30Ωの抵抗での消費電力の和は，図1の20Ωの抵抗での消費電力の何倍ですか。

(5) V〔V〕を求めなさい。

(6) 図4の5Ω，15Ω，10Ω，20Ωの各抵抗での消費電力の和は，図1の20Ωの抵抗での消費 電力の何倍ですか。

〔ラ・サール高〕

2 次の問いに答えなさい。　　　　　　　　　　　　　　　　　　　　　　　　（4点×6 − 24点）

(1) 静電気に関する次の文中の（①　　）〜（③　　）にあてはまる語句を答えなさい。

　　ふつう物体は（①　　）と（②　　）の電気を同じ量ずつもっている。（①　　）と（②　　）の電気が互い に打ち消し合って全体として電気を帯びていない状態になっている。しかし，2種類の物体を こすり合わせると，一方の物体の（①　　）の電気の一部が，他方の物体へ移動する。このため， 電気を受けとったほうの物体は（③　　）の電気を帯びることになる。

(2) 次の①〜③の実験で観察された現象と共通する静電気の性質で説明できる文はどれか。あとの **ア**〜**オ**からそれぞれ1つずつ選び，記号で答えなさい。

① ポリエチレンのひもの一端をしばって細くさき，綿布で強くこするとひもは開いた。これを 電気クラゲとよぶことにする。

② 電気クラゲを手の上にのせるとまとわりついた。

③ セーターで摩擦したプラスチックの下じきにネオン管を近づけていくとネオン管が点灯した。

ア　水道の蛇口から水を細く流す。この水の流れに，綿布で強くこすったプラスチックのもの さしを近づけると水の流れがものさしのほうへ曲がる。

イ　モーターに電流を流すと，軸が回転する。

ウ　地球上で方位磁針のN極は北をさす。

エ　電気を発生させる装置（バンデグラフ）に手をふれ電気を発生させると，髪の毛が逆立つ。

オ　空気の乾燥した日にドアノブにふれると，パチッと音がして手に痛みを感じた。

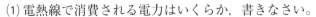

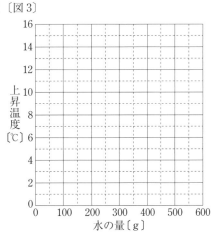

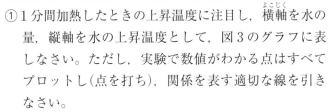

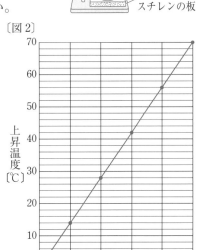

Step C

第1章
第2章
第3章
第4章
総合実カテ…

〔高知学芸高－改〕

3 図1のようにして，室温と同じ温度の水 100 g をポリエチレンのビーカーに入れ，抵抗が 2 Ω の電熱線をビーカーの水にひたし 14 V の電圧を加えた。水をときどきかき混ぜながら 1 分ごとに水温を測定したところ，図2のような結果になった。次の問いに答えなさい。

（6点×8－48点）

〔図1〕

温度計
ガラス棒
ポリエチレンのビーカー
水
電熱線
発泡ポリスチレンの板

(1) 電熱線で消費される電力はいくらか，書きなさい。

(2) 1 分間に電熱線で消費される電力量はいくらか，書きなさい。

(3) 電熱線で発生した熱がすべて水の温度変化に使われたと考えた場合，3 分間で水が得た熱の量はいくらか，書きなさい。

(4) 水の上昇温度を T〔℃〕，水が得た熱の量を Q としたとき，T と Q の関係を数式で表しなさい。ただし，割り切れない場合は，分数で表しなさい。

〔図2〕

(5) 水の量を変化させて同様の実験を行うと，下の表の結果が得られた。表中の数値は水の上昇温度〔℃〕を表している。あとの①～④の問いに答えなさい。

加熱時間〔分〕 ＼ 水の量〔g〕	100	200	300	400	500
1	14	7.0	4.7	3.5	2.8
2	28	14	9.3	7.0	5.6
3	42	21	14	11	8.4
4	56	28	19	14	11
5	70	35	23	18	14

① 1 分間加熱したときの上昇温度に注目し，横軸を水の量，縦軸を水の上昇温度として，図3のグラフに表しなさい。ただし，実験で数値がわかる点はすべてプロットし（点を打ち），関係を表す適切な線を引きなさい。

② 水の上昇温度を T〔℃〕，水の量を m〔g〕としたとき，①で示したグラフを数式で表しなさい。

③ ②で見られる比例定数は，加熱時間を 2 分間，3 分間と変えたとき，どのように変化するか，書きなさい。

④ 水 280 g を 3 分間加熱したとき，上昇温度はいくらになるか，書きなさい。

〔図3〕

(1)	(2)	(3)	(4) $T=$

(5)	①（図に記入）	② $T=$	③	④

〔立命館〕

5 電流による磁界

Step A ▶ Step B ▶ Step C

解答▶別冊 8 ページ

■1 棒磁石による磁界

・磁石のまわりなど磁力のはたらく空間を ①　　　　　という。

磁針のN極が磁界から受ける力の向き ⇨ ③　　　　　　（磁力線の向きは ③ に合わせる）

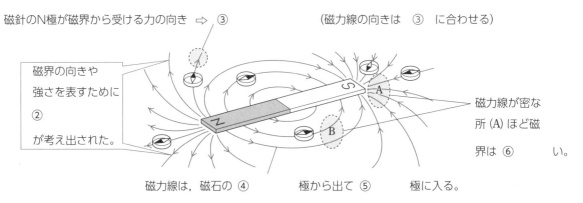

磁界の向きや
強さを表すために
②
が考え出された。

磁力線が密な
所 (A) ほど磁
界は ⑥ 　　　い。

磁力線は，磁石の ④ 　　極から出て ⑤ 　　極に入る。

■2 電流のつくる磁界

① 直線電流のまわりの磁界

〈右ねじの法則〉

⑨　　　　　は，
導線を中心とする
同心円状にかく。

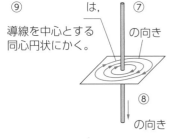

⑦
の向き

⑧
の向き

ねじを回す
向き

右ねじ

ねじの
進む向き

② コイルのまわりの磁界
（⑩～⑬の磁針のN極を黒くぬりなさい。）

外側の磁界は

⑭
の磁界と同じ

内側の磁界はほとんど

⑮

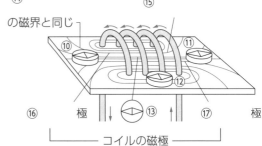

⑯ 　　　極

⑰ 　　　極

└── コイルの磁極 ──┘

■3 磁界から電流が受ける力

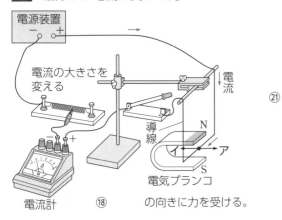

電源装置
－ ＋

電流の大きさを
変える

電流

導線

N

イ ←ア

S

電気ブランコ

電流計 ⑱ の向きに力を受ける。

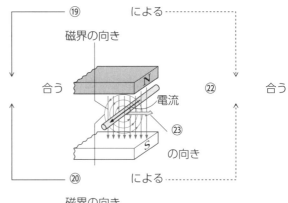

⑲ 　　　 による

磁界の向き

⑳ 　　　 による

㉑ 　　　 合う

㉒ 　　　 合う

N

電流

㉓
の向き

S

磁界の向き

▶次の[ ]にあてはまる語句や記号を入れなさい。

4 電流による磁界

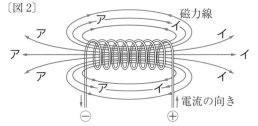

〔図1〕　　　　　　　〔図2〕

磁力線　電流の向き

① 磁界のようすを示す線を[㉔　　　　]という。

② 図1の円形にした導線のまわりにできる磁界は，[㉕　　　　]電流のつくる[㉖　　　　]状の磁界が集まってできると考える。輪の内側では左右の導線を流れる電流は[㉗　　　　]向きなので，磁界は[㉘　　　　]向きで，[㉙　　　　]合う。輪の外側では，磁界の向きは逆向きとなり，お互い[㉚　　　　]合うから，図のように，輪の内側の磁力線のほうが外側より[㉛　　　　]になる。

③ 図2のコイルの⊖極側が[㉜　　　　]極になる。

④ 図2のコイルで，磁界の向きは[㉝　　　　]の向きである。

⑤ コイルのまわりの磁界の強さは，[㉞　　　　]と[㉟　　　　]に比例する。コイルに鉄しんを入れると磁界の強さは[㊱　　　　]なる。

5 磁界の中で電流が受ける力

① [㊲　　　　]の中を流れる電流は[㊲]から力を受ける。

② 電流の向きか磁界の向きのどちらかを逆にすると，電流にはたらく力の向きも[㊳　　　　]になる。

③ 電流を大きくすると，電流が受ける力は[㊴　　　　]なる。

6 電動機(モーター)

① 電流が[㊵　　　　]から受ける力を利用し，コイルがつねに一定の向きに回るようにしたものが[㊶　　　　]である。

② 電流をコイルに送るブラシと半回転ごとに電流の向きを逆にする[㊷　　　　]が使われている。

③ 図3のCD部分は，磁石の磁界から[㊸　　　　]の向きに力を受け，コイルは[㊹　　　　]の向きに回る。

④ 図4ではCD部分は[㊺　　　　]の向きに力を受ける。

⑤ 電流の向きを逆にすると，コイルの回る向きは[㊻　　　　]になる。

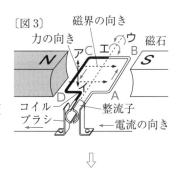

〔図3〕　力の向き　磁界の向き　磁石
N　ア C エ ウ B
D　イ A S
コイル　整流子
ブラシ　電流の向き

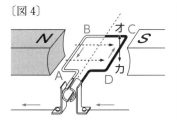

〔図4〕
N　B オ C S
A カ D

㉔ _____
㉕ _____
㉖ _____
㉗ _____
㉘ _____
㉙ _____
㉚ _____
㉛ _____
㉜ _____
㉝ _____
㉞ _____
㉟ _____
㊱ _____

㊲ _____
㊳ _____
㊴ _____

㊵ _____
㊶ _____
㊷ _____
㊸ _____
㊹ _____
㊺ _____
㊻ _____

Step A ＞ Step B ＞ Step C

●時 間 40分　●得 点
●合格点 75点　　　　　点

解答▶別冊 9 ページ

重要 1 [電流と磁界]　次の実験について、あとの問いに答えなさい。 (6点×5 − 30点)

〔実験1〕　図1のように、3cm間隔に線がひい
てある厚紙に、エナメル線を垂直に通して
コイルをつくり、方位磁針をA〜Gに1つ
ずつ置いた。そのあとコイルに電流を流し、
それぞれの方位磁針のふれの向きを調べる
と、同じ向きになったものがあった。次に、
方位磁針をとり除き、厚紙の上に鉄粉をまいた。図2はその鉄粉の
模様を示したものである。

〔図1〕
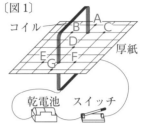

〔図2〕
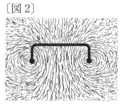

〔実験2〕　図3のような装置で、コイルに電流を流したところ、コイル
は矢印の向きに少しふれて止まった。

〔図3〕
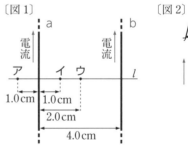

(1) 実験1で、コイルに電流を流したとき、磁界の向きが同じになる点の組
み合わせを図1のA〜Gの記号を用いてすべて書きなさい。

(2) 次の文中の a 〜 c に入る最も適当なことばを書きなさい。
　　磁界の向きに沿って、磁石の a 極から出て b 極に入るように矢印をつけて表した線
を磁力線という。磁力の強いところでは、磁力線の間隔が c なる。

記述 (3) 実験2で、コイルの振れ幅を大きくするには、どうすればよいか。簡潔に書きなさい。

(1)		(2)	a	b	c	(3)	

〔千 葉〕

2 [電流が磁界から受ける力]　次の問いに答えなさい。 (7点×2 − 14点)

(1) 図1のように、4.0cm離れている2本の平行な
直線状の電線a、bに、それぞれ矢印の向きに
同じ大きさの電流が流れている。電線に直交す
る直線 *l* の上に点ア、イ、ウがあり、点ア、イ
は電線aから1.0cm、点ウは2.0cm離れている。
点ア、イ、ウにおける磁界の強さを比べ、解答
例にならって各記号を不等号・等号で結びなさ
い。なお、電流がつくる磁界の強さは、電流から離れるにつれて、距離に反比例して弱くなる。
(解答例　**イ<ア＝ウ**)

〔図1〕

〔図2〕

(2) (1)において、電線a、bは互いに引き合う力がはたらいていた。いま
電線bを取り去り、図2のように、電線aに棒磁石のN極を近づけた。
電線aには矢印の向きに電流が流れている。図3は、電線aと磁石を
図2の目の位置から見た図で、電線a付近の磁界が磁力線でかかれて
いる。図3において、電線aが磁界から受ける力の向きを図に矢印で描き入れなさい。

〔図3〕
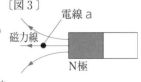

(1)		(2) (図に記入)

〔お茶の水女子大附高〕

3 [電流が磁界から受ける力] 図1のように，水平な机の上に，鉄の棒
を固定した木製の台を2つ平行に並べ，その中央にU字形磁石を置い
た。次に電源装置，抵抗器A，スイッチを図1のように接続し，細く
て軽いアルミニウムの棒をU字形磁石のN極とS極の間を通るように
置いた。その後，スイッチを入れるとアルミニウムの棒はY方向に動
いた。次の問いに答えなさい。 (7点×6－42点)

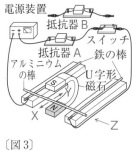
〔図1〕
電源装置 抵抗器B スイッチ 抵抗器A 鉄の棒 アルミニウムの棒 U字形磁石 X Y Z

(1) 図2は，U字形磁石のN極とS極にはさまれた部分を図1のZから
見た模式図である。アルミニウム棒に電流を
流したとき，電流によってできる磁界の向き
が，U字形磁石によってできる磁界の向きと，
ほぼ同じになる点は図2の**ア〜エ**のどれか。
1つ選び，その記号を書きなさい。

〔図2〕
S極
アルミニウムの棒 ア エ・○・イ ウ U字形磁石
N極

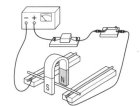
〔図3〕

記述 (2) スイッチを入れたときに，磁界から受ける力
によって，アルミニウムの棒がX方向へ動くようにするには，図1の回路の接続や器具の配置
をどのように変えればよいか。適切な方法を2つ簡潔に書きなさい。

(3) 図1の回路に抵抗器Bを加えて，電源装置の電圧を変えずに，次の①，②のように接続したと
き，アルミニウムの棒が磁界から受ける力は，抵抗器Aのみの場合と比べてどうなるか。下の
ア〜ウからそれぞれ1つずつ選び，その記号を書きなさい。
①2つの抵抗器を直列に接続する。
②2つの抵抗器を並列に接続する。
ア 大きくなる。 **イ** 小さくなる。 **ウ** 変わらない。

難 記述 (4) 図1の回路のまま，U字形磁石を図3のように置きかえ，スイッチを入れたとき，アルミニウ
ムの棒が上下に振動した。その理由を，アルミニウムの棒が鉄の棒から離れると，電流が流れ
なくなることをもとに説明しなさい。

(1)	(2)	
(3) ①	②	(4)

〔奈 良〕

4 [電流と磁界] 右の図のように，導線A，Bを平行に並べて電流を
流した。これについて，次の問いに答えなさい。 (7点×2－14点)

(1) 右の図のように導線Bに電流を流したとき，導線Aの所にできる磁
界は**ア〜エ**のうちのどの向きですか。

(2) 次に導線Aに電流を流したところ，磁界から**エ**の向きの力を受けた。
導線Aの電流の向きはa，bのうちのどちらですか。

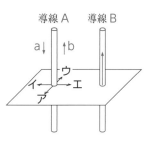
導線A 導線B
a↓ ↑b
ウ イ エ ア

(1)	(2)

〔愛光高〕

6 電磁誘導と発電

Step A 〉 Step B 〉 Step C 〉

1 電磁誘導

解答▶別冊9ページ

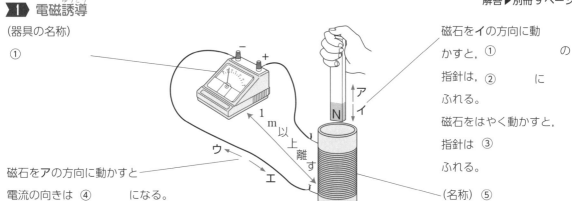

（器具の名称）

① _____

磁石をイの方向に動かすと，① _____ の指針は，② _____ にふれる。

磁石をはやく動かすと，指針は ③ _____ ふれる。

磁石をアの方向に動かすと電流の向きは ④ _____ になる。

（名称）⑤ _____

2 誘導電流の流れ方

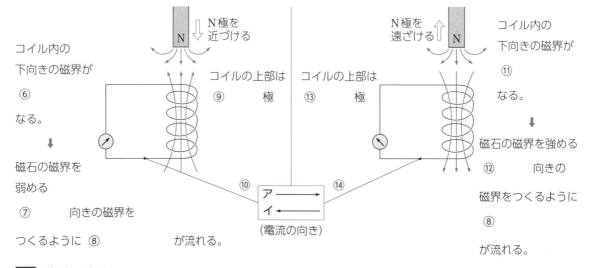

コイル内の下向きの磁界が ⑥ _____ なる。

↓

磁石の磁界を弱める ⑦ _____ 向きの磁界をつくるように ⑧ _____ が流れる。

N極を近づける

コイルの上部は ⑨ _____ 極

⑩ _____

N極を遠ざける

コイルの上部は ⑬ _____ 極

⑭ _____

| ア | ⟶ |
| イ | ⟵ |

（電流の向き）

コイル内の下向きの磁界が ⑪ _____ なる。

↓

磁石の磁界を強める ⑫ _____ 向きの磁界をつくるように ⑧ _____ が流れる。

3 直流・交流

電流の向き… ⑮ _____

電流の向き… ⑯ _____

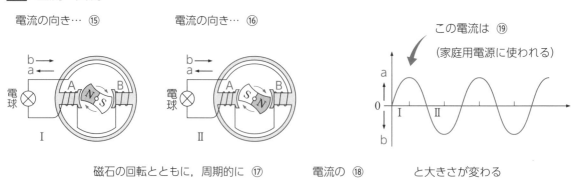

この電流は ⑲ _____
（家庭用電源に使われる）

磁石の回転とともに，周期的に ⑰ _____

電流の ⑱ _____ と大きさが変わる

乾電池から流れる電流 ➡ 向きと ⑳ _____ が変化しない ㉑ _____ 電流

▶次の[　]にあてはまる語句や記号を入れなさい。

4 電磁誘導

① コイルの中の磁界の強さが変化すると，コイルに電圧が生じて，[㉒　　　]が流れる。この現象を[㉓　　　]という。

② 電磁誘導によって生じた電流を[㉔　　　]という。

③ 図1～図4でコイルに誘導される磁界の向きと電流の向きは**ア**，**イ**および**ウ**，**エ**のどれになるか。結果をまとめた表を完成させなさい。

	図1	図2	図3	図4
磁界の向き	**ア**	㉕	㉗	㉙
電流の向き	**ウ**	㉖	㉘	㉚

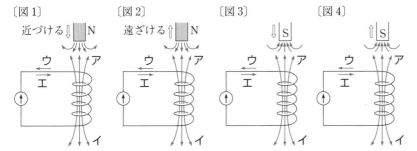

5 コイル間での電磁誘導

① 右の図で，スイッチSを入れると，コイルⅠのB端が，[㉛　　　]極となるので，コイルⅡに棒磁石の[㉜　　　]極が近づいたのと同じで，コイルⅡのC端が[㉝　　　]極となるように[㉞　　　]が検流計の[㉟　　　]極側から流れこむ。

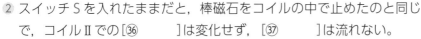

② スイッチSを入れたままだと，棒磁石をコイルの中で止めたのと同じで，コイルⅡでの[㊱　　　]は変化せず，[㊲　　　]は流れない。

③ スイッチSを切ると，棒磁石の[㊳　　　]極を遠ざけるのと同じで，コイルⅡのC端には[㊴　　　]極が生じるように誘導電流が流れる。

6 交流と直流の発電機

① 図1のように，固定されたコイルの中で磁石を[㊵　　　]させると，[㊶　　　]によって電流が発生する。このとき，磁石の半回転ごとに電流の向きが変わる[㊷　　　]が発生する。

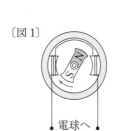

〔図1〕

電球へ

② 図2はモーターで，AB間に電球をつなぎ，軸を回転させると電球が[㊸　　　]。このときには電流の向きは変わらない[㊹　　　]が発生する。

〔図2〕 軸（整流子）

㉒＿＿＿＿＿＿
㉓＿＿＿＿＿＿
㉔＿＿＿＿＿＿
㉕＿＿＿＿＿＿
㉖＿＿＿＿＿＿
㉗＿＿＿＿＿＿
㉘＿＿＿＿＿＿
㉙＿＿＿＿＿＿
㉚＿＿＿＿＿＿

㉛＿＿＿＿＿＿
㉜＿＿＿＿＿＿
㉝＿＿＿＿＿＿
㉞＿＿＿＿＿＿
㉟＿＿＿＿＿＿
㊱＿＿＿＿＿＿
㊲＿＿＿＿＿＿
㊳＿＿＿＿＿＿
㊴＿＿＿＿＿＿

㊵＿＿＿＿＿＿
㊶＿＿＿＿＿＿
㊷＿＿＿＿＿＿
㊸＿＿＿＿＿＿
㊹＿＿＿＿＿＿

Step A 〉 Step **B** 〉 Step C

●時　間 35分	●得　点
●合格点 70点	点

解答▶別冊 10 ページ

重要 **1** [コイルの中の磁界]　次の実験について，あとの問いに答えなさい。　　　　(8点×4 − 32点)

〔実験1〕　水平な実験台の上に鉄しんを入れたコイルを置き，電流を流したときにコイルのまわりにできる磁界を，A，B，Cの方位磁針を使って調べた。図1は電流を流す前の状態を表している。

〔図1〕　〔図2〕

〔実験2〕　コイルを検流計につなぎ，棒磁石をコイルに出し入れしたとき，電流がどのように流れるかを調べた。この実験で，図2のように，コイルの両端をD，Eとして，棒磁石のN極をDから入れたとき，←印の向きに電流が流れた。

(1) 実験1において，スイッチを入れて電流を流したとき，A，B，Cの方位磁針の組み合わせとして正しいものを次のア〜エから1つ選び，その記号を書きなさい。

ア　A　B　C　　イ　A　B　C　　ウ　A　B　C　　エ　A　B　C

(2) 実験2において，コイルに電流が流れる現象を何というか書きなさい。また，図2の←印と同じ向きに電流が流れる操作はどれか。次のア〜エの中から正しい組み合わせを1つ選び，その記号を書きなさい。

〔操作〕　①S極をDから入れる。　　②S極をDから出す。
　　　　　③S極をEから入れる。　　④S極をEから出す。

ア　①と③　　イ　①と④　　ウ　②と③　　エ　②と④

記述 (3) 実験2において，コイルに電流が流れる理由を「磁界」という用語を用いて書きなさい。

(1)		現象	記号	(3)
	(2)			

〔茨城〕

2 [電流による磁界]　電流の発生について調べるために，次の実験を行った。あとの問いに答えなさい。　　　　(9点×2 − 18点)

〔実験1〕　コイルと検流計を接続し，コイルに棒磁石を近づけたり遠ざけたりして電流を発生させた。図1のように棒磁石のN極をコイルに近づけたとき，検流計の針は右に振れた。

〔図1〕

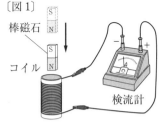

〔実験2〕　実験1と同じ検流計とコイルを用いて，図2のようにN極を下にした棒磁石をひもの先につけ，コイル上でAからBに向かって1回だけ通過させた。

(1) 図1で棒磁石のS極をコイルに近づけると，検流計の針はどうなるか。書きなさい。

〔図2〕

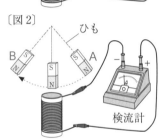

重要 (2) 実験2について，このときの検流計の針のようすとして，最も適切なものを，次のア〜オから1つ選び，記号で答えなさい。

ア　右に振れる。　　イ　左に振れる。　　ウ　右に振れたあと，左に振れる。

エ　左に振れたあと，右に振れる。　　オ　どちらにも振れない。

Step B

第1章
第2章
第3章
第4章
総合実力テスト

(1)	(2)

〔鳥取－改〕

3 [誘導電流の向きと大きさ] 下の図の装置を使って，コイルが磁石に近づいたり，磁石から遠ざかったりするときに電流が発生するかを調べた。下の表は，この実験の結果を示したものである。あとの問いに答えなさい。 (9点×2－18点)

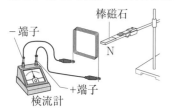

〔結果〕

	検流計の指針
コイルを棒磁石のN極に近づける	右側に振れる
コイルを棒磁石のN極に近づけたまま動かさない	振れない
コイルを棒磁石のN極から遠ざける	左側に振れる

(1) 上の図の装置を用いて，次の**ア～エ**に示した操作をした。検流計の指針が右側に振れるものを，**ア～エ**の中からすべて選び，記号で答えなさい。ただし，コイルと検流計は図1と同じでつなぎ変えておらず，コイルや棒磁石はそれぞれ図の位置から矢印の向きに動かすものとする。

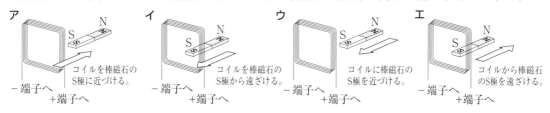

(2) コイルを棒磁石に近づけたり棒磁石から遠ざけたりしたときに発生する電流を大きくする方法について，次のようにまとめた。□□□にあてはまる内容を書きなさい。

誘導電流を大きくするには，コイルの巻き数を多くする，磁力が強い棒磁石を使う，□□□などの方法がある。

(1)	(2)

〔広 島〕

4 [磁界の変化と電流の向き] 右の図は自転車の発電機内部の断面図であり，磁石が時計回りに一定の速さで回転しているときのある瞬間のようすを示している。 (8点×4－32点)

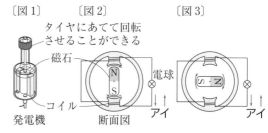

(1) この発電機のように，コイルの中の磁界（磁場）を変化させることによって，電流を流そうとする電圧が生じる現象を何というか。漢字で答えなさい。

(2) 磁石が図2，図3の状態のとき，電球に流れる電流の向きは，それぞれ**ア，イ**のどれか。なお，電流が流れない場合は**ウ**と答えなさい。

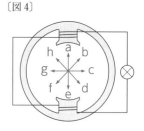

〔図4〕

(3) 磁石の回転中にコイルの中の磁界の変化の速さが大きくなるほど，コイルに流れる電流も大きくなる。電流の大きさが最大となるのは磁石のN極が図4のa～hのどの位置にあるときか。すべて選び，記号で答えなさい。

(1)		図2	図3	(3)
	(2)			

〔ラ・サール高－改〕

Step A Step B Step C -③

●時 間 40分	●得 点
●合格点 70点	点

解答▶別冊 10 ページ

1 電流と磁界に関する実験を行い，モーターのしくみについて調べた。あとの問いに答えなさい。ただし，抵抗器以外の抵抗は考えないものとする。　　　　　　　　　　　　　(10 点× 4 − 40 点)

〔実験1〕　抵抗の大きさが 10 Ωの抵抗器 X などを使って，図1のような装置を組み立てた。スイッチを入れ，a 点と b 点の間に加わる電圧を 5 V にしたところ，電流の大きさは 0.5 A となり，コイルが P の向きに動いた。

〔実験2〕　実験1の抵抗器 X を，抵抗の大きさが 20 Ωの抵抗器 Y に変えてスイッチを入れ，a 点と b 点の間に加わる電圧を 5 V にしたところ，コイルは実験1と同じ P の向きに動いたが，コイルの動いた大きさは変化した。

〔調べてわかったこと〕　コイルにはたらく力を利用したものにモーターがある。図2はモーターのしくみを模式的に表したものである。コイルに流れる電流が磁界から力を受けると，コイルは回転を始める。整流子とブラシのはたらきによって，コイルに流れる□□□□ので，コイルは同じ方向に回転し続けることがわかった。

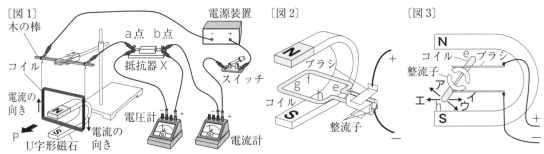

(1) 実験1と実験2で，コイルの動いた大きさが大きいのはどちらか。書きなさい。

(2) 実験1の装置を使って，コイルの動いた大きさが実験2と同じになる実験方法として最も適切なものを，次のア～エから1つ選び，記号で答えなさい。

　ア　回路に流れる電流の大きさを 1.0 A にする。

　イ　電流の流れる向きを逆にする。

　ウ　a 点と b 点の間に加わる電圧を 2.5 V にする。

　エ　U 字形磁石を S 極が上になるように置く。

(3) 図3は，図2のコイルを整流子やブラシのある側から見たものである。電流が図2の e → f → g → h と流れているとき，コイルの gh の部分の電流が磁界から受ける力の向きを，図3のア～エから1つ選び，記号で答えなさい。

(4) 調べてわかったことの□□□にあてはまる言葉を書きなさい。

(1)	(2)	(3)	(4)

〔埼玉－改〕

2 電流の流れる銅線が磁界から受ける力について，次の実験を行った。あとの問いに答えなさい。ただし，抵抗器以外の抵抗は考えないものとする。　　　　　　　　　　　　　(10 点× 2 − 20 点)

〔実験〕

　(i) 4 Ωの抵抗器を用いて図1のように装置を組み立てた。電源装置の電圧を 2 V にして銅線

に電流を流したところ，銅線は図1の矢印Xの向きに動いた。

(ii) 電源装置の電圧を 0V，2V，4V，6V，8V と変化させ，電流を流したときの銅線の振れた角度を図2のように測定した。

(iii) 抵抗器を 8Ω のものにかえ，(ii)と同様の測定をした。

(iv) 下の表に，電源装置の電圧と図2で示す銅線の振れた角度をまとめた。

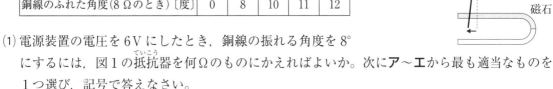

〔図1〕クリップ 木の棒 電源装置 銅線 スイッチ U字形磁石 抵抗器 Y X

〔図2〕クリップ 木の棒 銅線 銅線のふれた角度 磁石

電源装置の電圧 〔V〕	0	2	4	6	8
銅線のふれた角度(4Ωのとき)〔度〕	0	10	12	15	20
銅線のふれた角度(8Ωのとき)〔度〕	0	8	10	11	12

(1) 電源装置の電圧を 6V にしたとき，銅線の振れる角度を 8° にするには，図1の抵抗器を何Ωのものにかえればよいか。次に**ア〜エ**から最も適当なものを1つ選び，記号で答えなさい。

ア 6Ω　　**イ** 12Ω　　**ウ** 18Ω　　**エ** 24Ω

(2) 電源装置の電圧を変えずに，図1の抵抗器を，次の**ア〜エ**のつなぎ方をした抵抗器とかえるとき，銅線が受ける力の大きいものから順に並べ，記号を書きなさい。

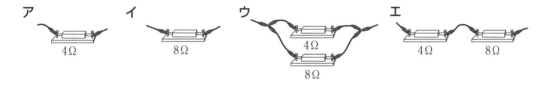

ア 4Ω　　**イ** 8Ω　　**ウ** 4Ω 8Ω　　**エ** 4Ω 8Ω

(1)	(2)

〔佐 賀〕

3 右の図のように机の上にコイルと導線 AB を置く。机の上方からコイルの中心に向けて磁石のN極を近づけていくと，検流計の指針が右に振れるように検流計とコイルを接続する。ただし，検流計は電流が+端子から流れこむと指針が右に振れるようになっている。次の問いに答えなさい。　　(10点×4−40点)

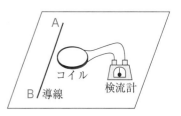

A コイル B 導線 検流計

(1) 磁石のS極をコイルの中心から上方へ遠ざけていくと，検流計の指針はどうなりますか。

(2) 導線 AB に A から B の向きに電流を流す。流している電流の大きさを変化させると，検流計の指針が左に振れた。電流の大きさをどのように変化させましたか。

(3) 接続されている検流計をはずして，コイルに電池を接続する。そのとき，検流計の+端子に接続されている導線を電池の+極に，−端子に接続されている導線を電池の−極に接続する。電池の電流によってつくられるコイルの内側の磁界の向きを答えなさい。

(4) 導線 AB に流れている A から B の向きの電流が，コイルによる磁界から受ける力の向きを答えなさい。

(1)	(2)	(3)	(4)

〔大阪教育大附高(池田)〕

7 物 質 の 分 解

Step A ▶ Step B ▶ Step C

1 酸化銀の分解

解答▶別冊 11 ページ

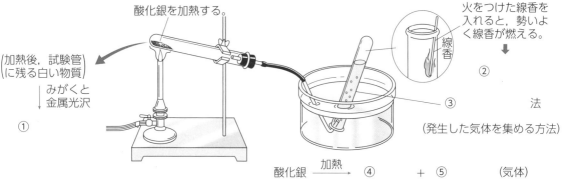

酸化銀を加熱する。

火をつけた線香を入れると，勢いよく線香が燃える。

線香

②

③　　　　　　　法

（発生した気体を集める方法）

(加熱後，試験管に残る白い物質)
↓ みがくと金属光沢

①

酸化銀 ──加熱→ ④ ＋ ⑤ （気体）

2 炭酸水素ナトリウムの分解

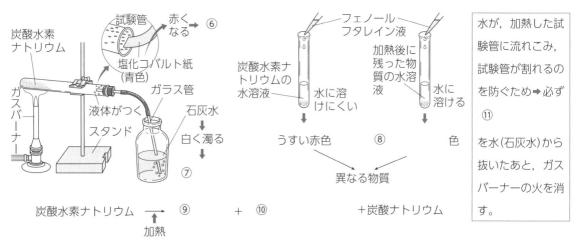

炭酸水素ナトリウム

ガスバーナー

スタンド

試験管

赤くなる → ⑥

塩化コバルト紙（青色）

液体がつく

ガラス管

石灰水

白く濁る
↓
⑦

フェノールフタレイン液

炭酸水素ナトリウムの水溶液

水に溶けにくい

加熱後に残った物質の水溶液

水に溶ける

うすい赤色　　　⑧　　　　色

↓　　　　↓

異なる物質

水が，加熱した試験管に流れこみ，試験管が割れるのを防ぐため➡必ず

⑪

を水（石灰水）から抜いたあと，ガスバーナーの火を消す。

炭酸水素ナトリウム ──→ ⑨ ＋ ⑩ ＋炭酸ナトリウム
↑
加熱

3 水の電気分解

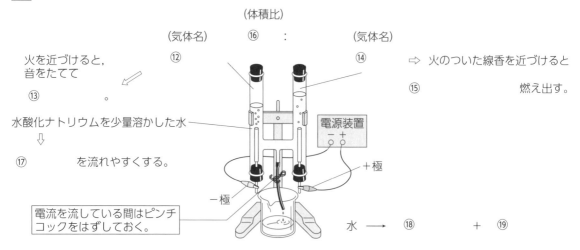

（体積比）

（気体名）　⑯　　：　　（気体名）

⑫　　　　　　　　⑭

火を近づけると，音をたてて

⑬　　　　　。

⇨ 火のついた線香を近づけると

⑮　　　　燃え出す。

水酸化ナトリウムを少量溶かした水

⇩

⑰　　　　を流れやすくする。

電源装置
－ ＋

＋極

－極

電流を流している間はピンチコックをはずしておく。

水 ──→ ⑱ ＋ ⑲

▶次の[　]にあてはまる語句や記号を入れなさい。

4　熱分解

① 右の図の上の装置で，炭酸水素ナトリウムを加熱すると，次のような，別の新しい物質ができる。

炭酸水素ナトリウム

- ・試験管に残る白い固体の[⑳　　　]。
- ・試験管の口付近につく液体は，[㉑　　　]を青色から赤(桃)色に変化させるので[㉒　　　]。
- ・加熱によりガラス管から出る気体は，[㉓　　　]に通すと白く濁(にご)らせるので[㉔　　　]。

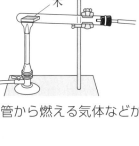
木

② 右の図の下の装置で，木を蒸し焼き(む)(空気が入らないようにして加熱)にすると，ガラス管から燃える気体などが出て，あとには[㉕　　　](炭素)が残る。

③ ①，②のように，1つの物質が2種類以上の別の物質に分かれる変化を[㉖　　　]という。

④ 分解のように，もとの物質とは異なる性質をもった物質ができる変化を，[㉗　　　]または化学反応という。

⑳ _____

㉑ _____

㉒ _____

㉓ _____

㉔ _____

㉕ _____

㉖ _____

㉗ _____

5　電気分解

① 電気を通すことによって物質を分解することを[㉘　　　]という。

② 水の電気分解では，＋極側に[㉙　　　]，－極側に[㉚　　　]の気体が集まり，流れる電流の大きさに関係なく，つねに酸素の[㉛　　　]倍の体積の水素が得られる。

③ 右の図のように，塩化銅水溶液(すいようえき)を，炭素棒を電極として電気分解すると，＋極側には，プールの消毒薬のようなにおいの[㉜　　　]の気体が発生し，－極側に付着した赤かっ色の物質をみがくと金属光沢(こうたく)が現れることより[㉝　　　]ができているとわかる。

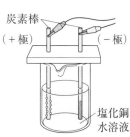
炭素棒
（＋極）　　（－極）
塩化銅水溶液

㉘ _____

㉙ _____

㉚ _____

㉛ _____

㉜ _____

㉝ _____

6　それ以上分解できない物質

- ・炭酸水素ナトリウム ⟶ 炭酸ナトリウム＋[㉞　　　]＋水
- ・水 ⟶ [㉟　　　]＋酸素　　・酸化銀 ⟶ 銀＋[㊱　　　]
- ・塩化銅 ⟶ [㊲　　　]＋塩素

　以上の化学反応(分解)でできた物質で，もうそれ以上分解することのできないものは，酸素・銅・[㊳　　　]・[㊴　　　]・水素である。物質は分解していくと，それ以上分解できない物質(単体)になる。

㉞ _____

㉟ _____

㊱ _____

㊲ _____

㊳ _____

㊴ _____

Step A ＞ Step B ＞ Step C

●時　間 40分　●得　点
●合格点 75点　　　　点

解答▶別冊11ページ

1 ［物質の区別］　5種類の物質(砂糖，酸化銀，炭酸水素ナトリウム，炭素，鉄)の粉末を用意して，次の実験を行った。あとの問いに答えなさい。　(5点×5－25点)

〔実験〕

(i) それぞれの物質を，1種類ずつ別々の試験管A～Eに入れ，上の図のような装置で加熱した。

(ii) それぞれの試験管につき，調べた結果を表にまとめた。

試験管　ガラス管　ゴム栓　石灰水

〔結果〕

	試験管A	試験管B	試験管C	試験管D	試験管E
試験管に入れた物質の色	白	白	黒	黒	黒に近い灰色
気体の発生	発生した	発生した	発生した	発生した	発生しなかった
石灰水の色の変化	白く濁った	白く濁った	白く濁った	変化しなかった	変化しなかった
試験管に残った物質の色	白	黒	黒	白	黒

(1) 試験管Aに入れた物質は何か。その物質の名称を書きなさい。

(2) 試験管Dで発生した気体名と残った白い物質の物質名を書きなさい。

(3) 試験管Cで，石灰水の色を変化させた気体は何か。名称を書きなさい。

(4) 試験管C，Eを除いて，ほかの物質は1つの物質から2種類の別の物質に変わっている。このような化学変化を何といいますか。　〔福島－改〕

(1)		(2)	気体名　　　物質名	(3)	(4)

2 ［炭酸水素ナトリウムの分解］　次の実験について，あとの問いに答えなさい。　(5点×3－15点)

〔実験〕

(i) よく乾いた試験管Xに少量の炭酸水素ナトリウムを入れ，右の図の装置で加熱した。

(ii) 発生する気体を，試験管Yの石灰水に通して変化を調べ，気体の発生が止まってから火を消した。

(iii) 試験管Xの口付近にたまった液体を，塩化コバルト紙で調べた。

(iv) 試験管Xに残った白い固体について調べた。

炭酸水素ナトリウム　ガラス管　X　Y　石灰水

(1) 実験(ii)の下線部の火を消すときに注意することを，「ガラス管」，「石灰水」の語を使って理由とともに簡潔に書きなさい。

(2) 塩化コバルト紙の色の変化を，次のア～エから1つ選び，記号で答えなさい。

ア　赤色から青色に変化した。　　イ　赤色から白色に変化した。
ウ　青色から赤色に変化した。　　エ　青色から白色に変化した。

(3) 炭酸水素ナトリウムと，加熱後試験管Xに残った物質をそれぞれ指に少量とって水をつけ，こすって比べた。このとき，試験管Xに残った物質に見られる特徴を簡潔に書きなさい。

(1)	
(2)	(3)

〔宮崎－改〕

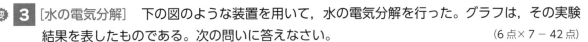

3 [水の電気分解] 下の図のような装置を用いて，水の電気分解を行った。グラフは，その実験結果を表したものである。次の問いに答えなさい。

(6点×7－42点)

(1) 図の水の中に少量の水酸化ナトリウムを溶かしている。その理由を簡潔に書きなさい。

(2) グラフよりAとBの試験管にたまる気体の体積比を答えなさい。

(3) AとBの試験管にたまる気体の名称を答えなさい。また，Aの試験管の電極は＋極か－極か答えなさい。

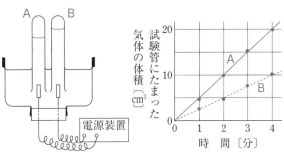

(4) 次の文のうち，グラフの関係を正しく述べているものを1つ選びなさい。

　ア　AとBの試験管に集まる気体の体積比が，時間とともに大きくなる。

　イ　AとBの試験管に集まる気体の体積比は，発生する速さに関係なく一定である。

　ウ　気体が試験管に集まる速さは，電圧の大きさに関係なく一定である。

　エ　気体が試験管に集まる速さは，時間とともに大きくなる。

(5) 実験を開始して3分後，A，Bの試験管の電極の＋極と－極を入れかえて電源装置に接続し，続けてさらに3分間，電流を流した。このとき，A，Bの試験管の中にたまる気体の体積はどうなっているか。体積比を答えなさい。

(1)				(2) A：B＝	
(3)	A	B	電極	(4)	(5) A：B＝

4 [酸化銀の分解] 次の実験について，あとの問いに答えなさい。

(6点×3－18点)

〔実験1〕 図1のように，少量の酸化銀を試験管Aに入れ，試験管Aの口を少し下げてガスバーナーで加熱した。酸化銀を加熱すると気体が発生して，酸化銀とは色の異なる固体が残った。実験を始めてすぐに出てきた気体を試験管Bに集めたあと，続けて出てきた気体を試験管Cに集めた。

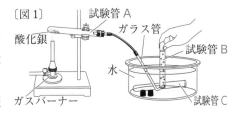

〔実験2〕 図2のように，実験1で試験管Cに集めた気体の中に火のついた線香を入れたところ，線香が激しく燃えた。

(1) 下線部のように，試験管Aの口を少し下げる理由を簡単に書きなさい。

(2) 加熱後に試験管Aに残った固体の物質は何色か。次のア～エから最も適当なものを1つ選び，記号で答えなさい。

　ア　白色　イ　黒色　ウ　赤色　エ　茶色

(3) 実験2で，試験管Bに集めた気体を使わなかったのはなぜか。その理由を「空気」という言葉を使って簡単に書きなさい。

〔三重－改〕

(1)		(2)
(3)		

Step **B**

8 物質と原子・分子

Step A 〉 Step B 〉 Step C

解答▶別冊11ページ

1 物質と分子

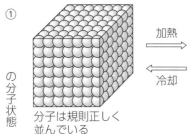

① ──の分子状態　分子は規則正しく並んでいる

加熱 ⇄ 冷却

② ──の分子状態　分子の並び方は乱れている

加熱 ⇄ 冷却

③ ──の分子状態　分子は空間を自由に飛び回る

状態変化　➡　分子そのものは変化しない（ ④ 　でない）

2 物質と原子

〔○ 酸素原子, ◑ 水素原子, ● 炭素原子, ◎ 銅原子, ⊖ 銀原子, ⊗ 硫黄原子〕

（物質名） ⑤　　（物質名） ⑥　　（物質名） ⑦　　（物質名） ⑧

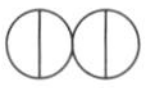

（物質名） ⑨　　（物質名） ⑩　　（物質名） ⑪

（番号）　　　　（番号）

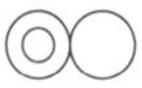

単体……⑫　　　　　　　化合物……⑬

3 原子の記号と化学式

化学式 ⑮ を表す。

➡ ⑭　　　の
記号を使って
表したもの。

NO₂

窒素原子は ⑯ 　個　　酸素原子は ⑰ 　個

物　質　名	化　学　式
酸　　素	⑱
銅	Cu
塩化ナトリウム	⑲
二酸化炭素	⑳

4 元素の周期表

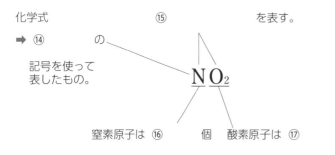

�21

固体 液体 気体
単体の室温での状態

₁H
水素
1
原子量

元素名

22

	1	2											13	14	15	16	17	18

▶次の[　]にあてはまる語句や数値，化学式を入れなさい。

5 物質と分子・原子

① 物質の性質を表すいちばん小さな粒を，その物質の[㉓　　　]という。

② 分子はさらに小さな[㉔　　　]からできている。これは物質をつくる最小の粒である。

③ 原子は化学変化によって，それ以上[㉕　　　]ことができない。
原子は化学変化の途中で，ほかの原子に変わることはない。
原子は種類によって[㉖　　　]や大きさが決まっている。

④ 水素原子の大きさは 1cm の約[㉗　　　]分の 1 である。

6 記号による原子や物質の表し方

① 原子を表す記号を[㉘　　　]という。

② 下の[㉙]，[㉚]に適当な語句を記入しなさい。

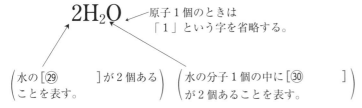

$2\text{H}_2\text{O}$　原子 1 個のときは「1」という字を省略する。

（水の[㉙　　　]が 2 個あることを表す。）（水の分子 1 個の中に[㉚　　　]が 2 個あることを表す。）

③ 次の物質名と原子の記号の表を完成させなさい。

名前	水素	[㉜　]	ナトリウム	[㉝　]
記号	[㉛　]	O	Na	Fe
名前	炭素	硫黄	マグネシウム	[㉟　]
記号	[㉞　]	S	Mg	Cu
名前	窒素	[㊱　]	カルシウム	銀
記号	N	Cl	Ca	Ag

7 物質の分類

① 1 種類の原子だけからできている物質を[㊲　　　]といい，2 種類以上の原子からできている物質を[㊳　　　]という。

② 次の物質の化学式を書きなさい。

ア 水[㊴　] イ 酸素[O_2] ウ 二酸化炭素[㊵　]
エ 水素[H_2] オ 銀[Ag] カ アンモニア[NH_3]
キ 塩素[㊶　] ク 銅[㊷　]
ケ 塩化ナトリウム[NaCl]

③ 物質を分類した表である。具体例は②から選び，記号を書きなさい。

物質 ─┬─[㊸　　]……食塩水（NaClとH₂O）
　　　└─純粋な物質 ─┬─[㊹　]……（具体例）[㊻ イ　]
　　　　　　　　　　 └─[㊺　]……（具体例）[㊼ ウ　]

㉓ _____
㉔ _____
㉕ _____
㉖ _____
㉗ _____
㉘ _____
㉙ _____
㉚ _____
㉛ _____
㉜ _____
㉝ _____
㉞ _____
㉟ _____
㊱ _____
㊲ _____
㊳ _____
㊴ _____
㊵ _____
㊶ _____
㊷ _____
㊸ _____
㊹ _____
㊺ _____
㊻ _____
㊼ _____

1 [化学変化と原子・分子]　次のA～Gのような実験を行った。これについて，あとの問いに答えなさい。
(5点×5－25点)

　A　スチールウールをガスバーナーで燃やした。
　B　銅の粉末をステンレス皿に入れて，十分に加熱した。
　C　酸化銅と木炭の粉末を混ぜて，試験管に入れて加熱した。
　D　エタノールを燃焼さじに入れ，集気びんの中で燃やした。
　E　鉄の粉と硫黄の粉を混ぜ，試験管に入れて加熱した。
　F　炭酸水素ナトリウムを試験管に入れて加熱した。
　G　亜鉛を試験管に入れ，うすい硫酸を加えた。

(1) 次の○印で示した式は，化学変化のようすを模式的に示したものである。それぞれの○は異なる物質を表している。この式に該当する変化はA～Gのどれか。あてはまる記号をすべて書きなさい。

　　　○　＋　○　──→　○　＋　○

(2) 1種類の原子だけの分子でできている気体を発生するのはどれか。A～Gの記号を書きなさい。また，その気体を表す化学式を書きなさい。

(3) 1種類の原子からなる固体ができるものはどれか。A～Gの記号を書きなさい。また，その固体を表す化学式を書きなさい。

(1)		(2)	記号	化学式	(3)	記号	化学式

〔東京学芸大附高〕

2 [化学変化と化学式]　次の文を読んで，あとの問いに答えなさい。
(5点×4－20点)

　Aロウを燃焼すると〔　①　〕と水になる。また，Bスチールウールを加熱すると酸化鉄になり，マグネシウムを加熱すると〔　②　〕になる。C炭酸水素ナトリウムを試験管で加熱すると，炭酸ナトリウムと〔　①　〕と水になる。

(1) ①，②にあてはまる物質の組み合わせとして正しいものを，次のア～オから1つ選び，記号で答えなさい。

　ア O_2, MgO　イ O_2, Mg_2O　ウ CO_2, MgO　エ CO_2, Mg_2O　オ CO_2, MgO_2

(2) 下線部Aや下線部Cの反応では，反応後の共通点として〔　①　〕と水ができている。次のア～オの実験で，実験後に〔　①　〕も水も両方ともできるものはどれか。1つ選び，記号で答えなさい。
　ア　水を電気分解する。
　イ　エタノールを蒸留する。
　ウ　塩化ナトリウムを試験管に入れて加熱する。
　エ　銅を空気中で燃やす。
　オ　石灰石に塩酸を注ぐ。

(3) 下線部Aの実験と下線部Bの実験で，右の図のように上皿てんびんを用いて燃焼前に分銅でつりあわせ，燃焼後の上皿てんびんの変化を観察した。

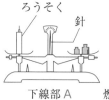
下線部A
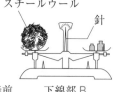
燃焼前　　下線部B

どのような変化が観察できるか。最も適当なものを次の**ア〜オ**から1つ選び,記号で答えなさい。ただし,ろうそく,スチールウールは密閉されていない。

ア Aの実験もBの実験も,分銅のほうが下がった。

イ Aの実験では分銅の皿が下がり,Bの実験では変化は見られなかった。

ウ Aの実験では分銅の皿が下がり,Bの実験では分銅の皿が上がった。

エ Aの実験では分銅の皿が上がり,Bの実験では分銅の皿が下がった。

オ Aの実験もBの実験も,分銅の皿が上がった。

(4) 下線部Cの化学反応として正しい変化を,次の**ア〜ウ**から1つ選び,記号で答えなさい。

ア 分 解　**イ** 蒸 発　**ウ** 昇 華

(1)	(2)	(3)	(4)

〔日本大豊山女子高-改〕

---

3 [周期表]　図1は周期表の一部を示したもので,図2は炭素の部分を拡大したものである。これについて,次の問いに答えなさい。

〔図1〕

周期 ＼ 族	1	2		13	14	15	16	17	18
1	①								He
2	Li	Be		B	C	N	②	F	Ne
3	Na	Mg		Al	Si	P	S	Cl	Ar

〔図2〕

$_6$C
炭素
12

(6点× 5 - 30点)

(1) 図1の①には水素が,②は酸素が入る。それぞれの原子の記号を書きなさい。

(2) 図1で,非金属元素は右側と左側のどちらに多く見られますか。

(3) 図2の左下の数字「6」は何を表すか。漢字4字で答えなさい。

(4) 図2の「12」は,原子量といい,炭素原子の質量を12としたときの相対質量で表す。酸素原子1個の質量は炭素原子1個の質量の1.34倍である。酸素の原子量を整数値で求めなさい。

(1)	①	②	(2)	(3)	(4)

---

4 [原子の記号と化学式]　水素,酸素,塩素,炭素の原子をそれぞれ図1のような記号で表す。次の問いに答えなさい。　(5点× 5 - 25点)

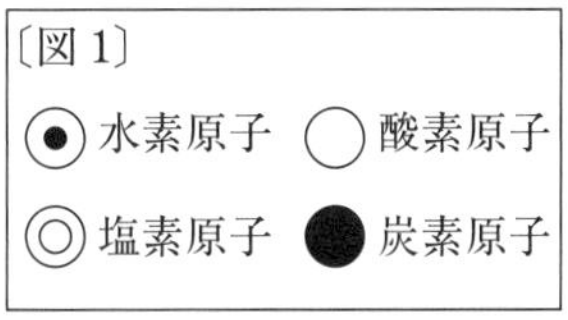

〔図1〕
◉ 水素原子　◯ 酸素原子
◎ 塩素原子　● 炭素原子

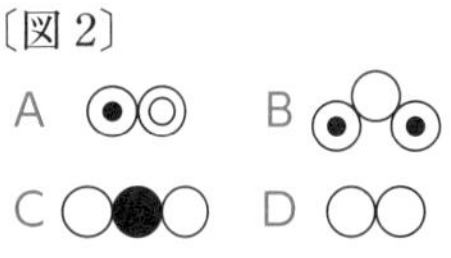

〔図2〕
A ◉◯◯　B ◯●◯
C ◯●◯　D ◯◯

(1) 図2のA〜Dの分子を化学式で書きなさい。

(2) A〜Dの分子からなる物質について述べた文章として最も適当なものを次の**ア〜カ**から1つ選び,記号で答えなさい。

ア A,B,Cは化合物で,Dは単体である。Cを水に溶かすとアルカリ性の水溶液になる。

イ A,B,Cは化合物で,Dは単体である。Cを水に溶かすと酸性の水溶液になる。

ウ BとCは化合物で,AとDは単体である。Cを水に溶かすとアルカリ性の水溶液になる。

エ BとCは化合物で,AとDは単体である。Cを水に溶かすと酸性の水溶液になる。

オ Dは化合物で,A,B,Cは単体である。Cを水に溶かすとアルカリ性の水溶液になる。

カ Dは化合物で,A,B,Cは単体である。Cを水に溶かすと酸性の水溶液になる。

(1)	A	B	C	D	(2)

〔愛 知〕

Step A　Step B　Step C-①

●時　間 40分	●得　点
●合格点 75点	点

解答▶別冊 12 ページ

1 次の実験について，あとの問いに答えなさい。 (6点×7 - 42点)

〔実験1〕　右の図のように，乾いた試験管Aに炭酸水素ナトリウム 2.0 g を入れて加熱し，出てきた気体を試験管Bに集めた。このとき，初めに出てきた試験管1本分の気体は捨てた。気体が出なくなったあと，加熱をやめた。試験管Aを観察すると，試験管Aの口の内側に液体が見られ，底には白い固体が残っていた。

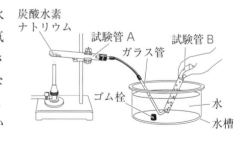

〔実験2〕　実験1で気体を集めた試験管Bに，石灰水を入れてよく振ったところ，石灰水が白く濁った。また，試験管Aの口の内側に見られた液体に，塩化コバルト紙をつけると，塩化コバルト紙の色が青色から桃色に変わった。

〔実験3〕　炭酸水素ナトリウムと，加熱後の試験管Aに残った白い固体を同量，それぞれ別の試験管にとり，水を加えてよく振って水への溶け方を調べた。さらに，それぞれの試験管にフェノールフタレイン液を加えたときの色を観察した。右の表は，その結果をまとめたものである。

	炭酸水素ナトリウム	白い固体
水への溶け方	少し溶けた	よく溶けた
フェノールフタレイン液を加えたときの色	うすい赤色	赤色

(1) 実験1で，試験管Bに気体を集める方法を何というか。書きなさい。

(2) 実験1で，初めに出てきた試験管1本分の気体を捨てたのはなぜか。その理由を簡潔に説明しなさい。

(3) 実験1で，次のア，イは加熱をやめるときの操作である。正しい操作の順に並べ，記号で答えなさい。また，操作を逆にすると，試験管Aが割れる可能性がある。その理由を，「試験管A」，「水」という2つの言葉を用いて簡潔に説明しなさい。

　ア　ガスバーナーの火を消す。

　イ　ガラス管を水槽の水の中から出す。

(4) 実験2で，塩化コバルト紙の色が青色から桃色に変わったことから，試験管Aの口の内側についた液体は何といえるか。書きなさい。

(5) 実験3の結果より，炭酸水素ナトリウムと白い固体が溶けた水溶液は何性だといえるか。書きなさい。

(6) 試験管Aに残った白い固体は炭酸ナトリウムである。実験1～3より，炭酸水素ナトリウムを加熱すると3種類の物質に分解されることがわかるが，炭酸ナトリウム以外の2種類の物質の化学式をそれぞれ書きなさい。

(1)	(2)			(3) 記号
理由		(4)	(5)	(6)

〔岐阜－改〕

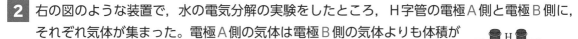

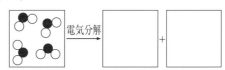

2 右の図のような装置で，水の電気分解の実験をしたところ，H字管の電極A側と電極B側に，それぞれ気体が集まった。電極A側の気体は電極B側の気体よりも体積が多く集まった。なお，電流を流しやすくするために，水に水酸化ナトリウムを加えた。次の問いに答えなさい。 （6点×8－48点）

(1) 水1分子のモデルを ●○ で示すと，●，○はそれぞれ何原子を表しますか。

(2) 電極A側に集まった気体は何か。物質名で書きなさい。

(3) 電極B側に集まった気体を，(1)の●，○を用いて書きなさい。

(4) 電極A側と電極B側で集まった気体の体積比を書きなさい。

(5) 実験で起こった化学変化を表す右の図を完成しなさい。
（ただし，化学変化の前後での原子の種類と数は変化しない。）

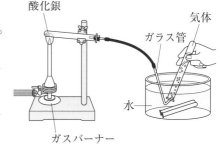

電極A側　電極B側

(6) 水酸化ナトリウムのかわりに塩化銅を水に加えても，電流を流しやすくすることができる。しかし，水は電気分解されず，電極Aの表面には赤かっ色の物質が，電極B側からはプールの消毒薬のような刺激臭の気体が発生した。電極A，Bでできた物質をそれぞれ化学式で答えなさい。

〔栃木－改〕

3 次の実験について，あとの問いに答えなさい。 （5点×2－10点）

〔実験〕 ①質量を測定した酸化銀を試験管に入れ，図のような装置で，気体が発生しなくなるまで加熱した。

②加熱後，試験管に残った固体の質量をはかった。

③酸化銀の質量を変えて実験をくり返し，下の表の結果を得た。

④発生した気体は酸素で，試験管に残った固体は銀であることがわかった。

(1) この実験で，できた銀と酸素は単体である。次のア～エの化学変化において，単体ができるものはどれか。1つ選び，記号で答えなさい。

酸化銀の質量〔g〕	2.00	3.00	4.00
残った固体の質量〔g〕	1.86	2.79	3.72

ア 鉄と硫黄を混ぜ合わせて，アルミニウムはくの筒につめ，加熱する。

イ 硫酸銅水溶液に，塩化バリウム水溶液を加える。

ウ 水素と酸素の混合気体を試験管に入れ，点火する。

エ 酸化銅と炭素を混ぜて試験管に入れ，加熱する。

(2) 加熱する酸化銀の質量を2倍にすると，残った固体の質量はどうなるか。上の実験結果の表をもとに答えなさい。

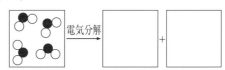

9 化学変化と化学反応式

Step A 〉 Step B 〉 Step C

解答▶別冊13ページ

1 酸素と結びつく反応

燃焼前，スチールウールの質量をはかる。

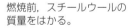

スチールウールを燃やす

① 　　　　が結びつく。

燃焼後できた ② 　　　　の質量は，結びついた ① 　　　　の質量だけ大きくなる。

2 硫黄（いおう）と結びつく反応

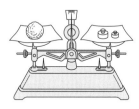

③ 　　　　　　。
（磁石を近づける）

混合物

塩酸を加える

④
（発生した気体名）

混合物

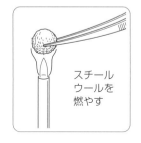

鉄粉

よく混ぜる

硫黄

加熱

⑤ 　　　　　　。
（磁石を近づける）

塩酸を加える

⑥ 　　　　がする。
（発生した気体の性質）

鉄粉と硫黄の混合物を加熱すると，鉄と硫黄が反応し，⑦ 　　　　ができる。

3 化学反応式のつくり方（原子のモデル○酸素原子，●炭素原子，◎銅原子とする。）

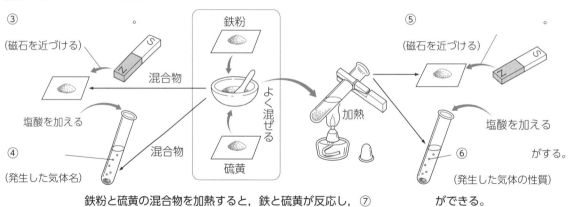

いろいろな化学反応	化学反応のようす	上のモデルを使って表す	化学反応式で表す
酸素　　銅	銅 ＋ ⑧　　　　　　→ ⑨	⑩　　　＋ ○○　　　→ ⑪	2Cu ＋ ⑫　　　→ ⑬
酸化銅と炭素　二酸化炭素	⑭　　　＋ 炭素　　→ ⑮　　　＋ 二酸化炭素	⑯　　　＋ ●　　　→ ⑰　　　＋ ○●○	⑱　　　＋ C　　　→ ⑲　　　＋ CO_2

▶次の[　　]にあてはまる語句や記号，化学式を入れなさい。

4 金属と酸素の反応

① スチールウールは[⑳　　]からできている。スチールウールを加熱すると[㉑　　]と反応して黒色の[㉒　　]になる。

② マグネシウムは銀白色をした物質である。マグネシウムを加熱すると[㉓　　]と反応して，白色の[㉔　　]になる。

③ スチールウールもマグネシウムも燃えると別の物質に変化し，この変化した物質には，金属光沢などの[㉕　　]の性質がない。

④ 2種類の物質が反応してできた物質を[㉖　　]という。

⑤ 物質が酸素と反応することを[㉗　　]という。酸化によってできた物質を[㉘　　]という。

⑥ 空気中でできる金属のさびの多くは，金属の[㉙　　]によってできたものである。

5 鉄と硫黄の反応

① 鉄粉と硫黄の粉末をよくかき混ぜるために[㉚　　]と乳棒を利用する。加熱後，鉄粉と硫黄の粉末の混合物は，黒色の[㉛　　]という物質に変化する。

鉄粉と硫黄の粉末の混合物

② 加熱後の物質の性質は，次の通りである。

・[㉜　　]に引きよせられない。

・塩酸に入れると，卵がくさったようなにおいのある[㉝　　]という有害な気体が発生する。

③ 硫黄は鉄だけでなくほかの金属とも反応する。硫黄と銅が反応すると[㉞　　]という物質になる。

6 化学変化の化学反応式

① 化学変化では，原子の[㉟　　]が変わることにより，もとの物質が別の物質に変わる。

② 原子は化学変化によって，ほかの種類の原子に変わったり，[㊱　　]たり，新しくできたりしないので，化学変化の前後では，原子の[㊲　　]と[㊳　　]は変化しない。

次の反応を化学反応式で表しなさい。

③ 鉄が硫黄と反応して硫化鉄になる。

$$Fe + S \longrightarrow [㊴　　]$$

④ 炭素と酸素が反応して二酸化炭素になる。

$$C + [㊵　　] \longrightarrow CO_2$$

⑤ 水が分解して水素と酸素になる。

$$[㊶　　] \longrightarrow [㊷　　] + O_2$$

⑥ 酸化銀を加熱すると銀と酸素になる。

$$[㊸　　] \longrightarrow 4Ag + O_2$$

⑳ _____
㉑ _____
㉒ _____
㉓ _____
㉔ _____
㉕ _____
㉖ _____
㉗ _____
㉘ _____
㉙ _____

㉚ _____
㉛ _____
㉜ _____
㉝ _____
㉞ _____

㉟ _____
㊱ _____
㊲ _____
㊳ _____
㊴ _____
㊵ _____
㊶ _____
㊷ _____
㊸ _____

Step A 〉 Step B 〉 Step C

●時 間 35分	●得 点
●合格点 75点	点

解答▶別冊 13 ページ

重要 **1** [鉄と硫黄の反応]　次の実験について，あとの問いに答えなさい。 (8点×4−32点)

〔実験1〕　図1のように，乳鉢に鉄粉 5.6g と硫黄（粉末）3.2g を入れて乳棒で十分に混ぜ合わせ，一部を試験管に入れた。この試験管をガスバーナーで加熱して，混合物の色が赤く変わり始めたところで加熱をやめた。そのあとも反応が進んで鉄と硫黄はすべて反応し，黒い物質が生じた。

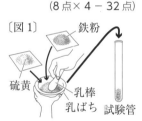
〔図1〕 鉄粉 硫黄 乳棒 乳ばち 試験管

〔実験2〕　実験1の乳鉢に残った粉末を少量入れた試験管Aと，実験1で生じた黒い物質を少量入れた試験管Bを用意した。図2のように，それぞれの試験管にうすい塩酸を数滴加えると，両方の試験管からそれぞれ気体が発生した。

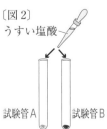
〔図2〕 うすい塩酸 試験管A 試験管B

(1) 図1の試験管をガスバーナーで加熱するとき，試験管の向きと加熱する場所として，最も適切なものを，図3のア〜エから1つ選び，記号で答えなさい。

(2) 実験1の下線部の黒い物質は何か。物質名を答えなさい。

(3) 図1の試験管を加熱したときに起こった化学変化を，化学反応式で表しなさい。

〔図3〕 脱脂綿
ア イ　　　ウ エ

(4) 実験2の試験管Aと試験管Bに，それぞれ発生した気体の性質の組み合わせとして，最も適切なものを，次のア〜カから1つ選び，記号で答えなさい。

	試験管 A	試験管 B		試験管 A	試験管 B
ア	無色，無臭で，空気中で火をつけると，音を立てて燃える。	無色で特有のにおいがあり，有毒である。	エ	無色，無臭で，空気中で火をつけると，音を立てて燃える。	黄緑色で刺激臭があり，殺菌作用がある。
イ	無色で特有のにおいがあり，有毒である。	黄緑色で刺激臭があり，殺菌作用がある。	オ	無色で特有のにおいがあり，有毒である。	無色，無臭で，空気中で火をつけると，音を立てて燃える。
ウ	黄緑色で刺激臭があり，殺菌作用がある。	無色，無臭で，空気中で火をつけると，音を立てて燃える。	カ	黄緑色で刺激臭があり，殺菌作用がある。	無色で特有のにおいがあり，有毒である。

(1)	(2)	(3)	(4)

〔鳥　取〕

2 [マグネシウムと酸素の反応]　次の実験について，あとの問いに答えなさい。 (8点×3−24点)

〔実験1〕　図1のような装置で，削り状のマグネシウムを加熱し，マグネシウムと酸素を反応させた。

〔実験2〕　図2のように，二酸化炭素で満たした集気びんの中に，火をつけたマグネシウムリボンを入れて，すぐに蓋をした。マグネシウムリボンは燃え続け，反応後には白い物質と黒い物質が見られた。

〔図1〕ステンレス皿 削り状のマグネシウム ガスバーナー

〔図2〕二酸化炭素 集気びん

(1) マグネシウムと酸素が反応するときの化学反応式を書きなさい。

(2) 実験2の集気びん内で起きた反応について，マグネシウム原子を◎，炭素原子を●，酸素原子を○とするモデルを用いて示したとき，次の①，②に適当なモデルを記入しなさい。

$$\overset{\bigcirc}{\bigcirc} + \bigcirc\bullet\bigcirc \longrightarrow \left[\begin{array}{c} ① \end{array} \right] + \left[\begin{array}{c} ② \end{array} \right]$$

マグネシウム　二酸化炭素　　　　白い物質　　　　黒い物質

(1)		(2) ①	②

〔長　崎〕

3 [鉄と硫黄の反応]　次の実験について，あとの問いに答えなさい。

（7点×4－28点）

〔実験〕

試験管 B

鉄粉と硫黄の粉末をよく混ぜたもの

(ⅰ) 2本の試験管 A，Bを用意し，鉄粉と硫黄の粉末をよく混ぜ，試験管 A，Bに入れる。

(ⅱ) 右の図のように，試験管 B中の物質の上部を加熱し，上部が赤くなったら加熱をやめ，試験管 Bが冷めるのを待つ。

(ⅲ) 試験管 Bが冷めたら，試験管 A中の物質と試験管 B中の物質に，磁石を近づける。

(ⅳ) 試験管 A中の物質を少量とり，うすい塩酸を2，3滴加え，発生する気体ににおいがあるかどうかを調べる。試験管 B中の物質についても同様の操作をして調べる。

(1) 鉄について述べた文として誤っているものを，下の①群の**ア**〜**ウ**から1つ選び，記号で答えなさい。また，世界で共通の，硫黄の原子を表す記号として最も適当なものを，下の②群の**カ**〜**ケ**から1つ選び，記号で答えなさい。

〔①群〕　**ア**　有機物である。

　　　　イ　固体の状態では，同じ質量の固体の水より体積が小さい。

　　　　ウ　自然界では，ほとんどが化合物になっている。

〔②群〕　**カ** Cu　**キ** Fe　**ク** N　**ケ** S

(2) 実験(ⅲ)で，磁石に引きつけられるのは，試験管 A，Bどちらの物質か。書きなさい。

(3) 実験(ⅳ)で，発生した気体に特有のにおいがあるのは，試験管 A，Bどちらの物質か。書きなさい。

(1) ①	②	(2)	(3)

〔京都－改〕

4 [エタノールの加熱]　エタノールを燃やすとある気体と水が生じる。この化学変化の化学反応式をモデルで表すと下の図のようになり，エタノール分子中の○，●，□はそれぞれ，水素原子，炭素原子，酸素原子を表す。これについて，下の問いに答えなさい。

（8点×2－16点）

(問い) 右の図の空欄 A，Bにあてはまるモデルを，空欄 AはA群の，空欄 BはB群の**ア**〜**オ**からそれぞれ1つずつ選び，記号で答えなさい。

エタノール　　　（気体）　　　（気体）　　　　水

〔A群〕**ア** … **イ** … **ウ** … **エ** … **オ** …

〔B群〕**ア** □●● **イ** □●□ **ウ** ○●● … **エ** … **オ** …

A	B

〔高田高－改〕

月　　　日

10 酸化・還元と熱

Step A 〉 Step B 〉 Step C

解答▶別冊13ページ

1 鉄粉の酸化

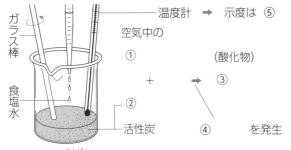

温度計 ➡ 示度は ⑤

空気中の

①

（酸化物）

＋ ⟶ ③

②

活性炭

④ を発生

・酸素と反応する反応
↓
⑥

⑦ （激しく熱と光を出す酸化）

熱・光 ↑

スチールウール（鉄）　＋　酸素　⟶　酸化鉄

2 酸化還元反応

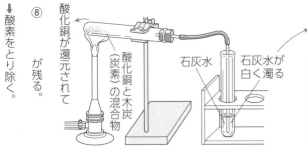

↓ 酸素をとり除く。

⑧ 酸化銅が還元されて が残る。

酸化銅（炭素）と木炭の混合物

石灰水 石灰水が白く濁る

炭素が酸化されて ⑨ が発生する。

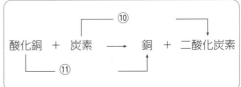

⑩

酸化銅　＋　炭素　⟶　銅　＋　二酸化炭素

⑪

3 発熱反応

燃焼させると ⑫ と水が発生

ロウ エタノール

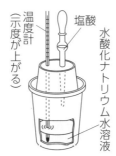

温度計（示度が上がる） 塩酸 水酸化ナトリウム水溶液

温度が上がる反応
↓
熱を ⑬
↓
⑭ 反応

大 エネルギー 小

水酸化ナトリウム＋塩酸

➡ 熱

塩化ナトリウム＋水

4 アンモニアの発生

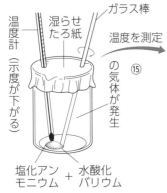

温度計（示度が下がる） 湿らせたろ紙 ガラス棒

温度を測定

の気体が発生 ⑮

塩化アンモニウム ＋ 水酸化バリウム

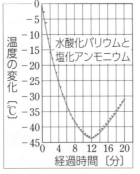

温度の変化〔℃〕

0
-5
-10
-15
-20
-25
-30
-35
-40
-45

0　4　8　12　16　20
経過時間〔分〕

水酸化バリウムと塩化アンモニウム

温度が下がる反応
↓
熱を ⑯
↓
⑰ 反応

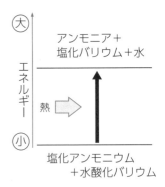

大 エネルギー 小

アンモニア＋塩化バリウム＋水

熱 ➡ ↑

塩化アンモニウム＋水酸化バリウム

▶次の[　]にあてはまる語句や化学式を入れなさい。

5 酸　化

① 物質が酸素と反応することを[⑱　　　]という。酸化によってできた物質を[⑲　　　]という。また，熱や光を激しく出して起こる酸化を[⑳　　　]という。

② 化学かいろには，炭素の粉，食塩，水，鉄粉などが入っているが，かいろがあたたかくなるのは，鉄粉が空気中の酸素と反応，すなわち[㉑　　　]することによる。

③ 呼吸によって体内にとりこまれた[㉒　　　]と食物の消化・吸収によって体内にとりこまれた有機物が反応し，体内で[㉓　　　]反応が起こる。このとき，熱を出し，水と二酸化炭素ができる。

6 還　元

① 酸化銅に炭を混ぜて加熱すると，炭は酸化銅から[㉔　　　]をとり除き，炭自身は[㉕　　　]になり，あとに[㉖　　　]が残る。このように酸化物から酸素をとり除く化学変化を[㉗　　　]という。

② 酸化銅の還元を炭素に注目してみると，炭素は酸化銅から奪った酸素により[㉘　　　]され，酸化銅の還元と同時に起こる。

③ 酸化銅を水素で還元したときの化学反応式は，次のようになる。

　　CuO ＋ [㉙　　　] ⟶ Cu ＋ [㉚　　　]

7 化学変化と熱の出入り

① 化学変化は原子の組み合わせが変化することで，このとき大なり小なりの熱の[㉛　　　]や[㉜　　　]がある。

② エタノールが燃焼したとき，次のように表すことができる。この反応は[㉝　　　]反応である。

　　エタノール＋酸素 ⟶ 二酸化炭素＋水＋[㉞　　　]・光

③ 硫酸に水酸化バリウム水溶液を加えると，硫酸バリウムの白い沈殿が生じた。この反応では温度が[㉟　　　]。

④ 水素と酸素の混合気体は，右の図のように火花放電によって激しく燃えて，水ができる。このときの化学変化は[㊱　　　]反応である。

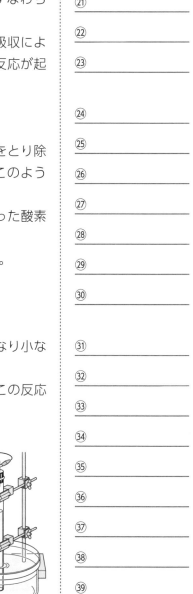

導線
水素と酸素の混合気体
水
点火装置へ

⑤ 炭酸水素ナトリウムを加熱すると，炭酸ナトリウム，二酸化炭素，水に分解される。また，水酸化バリウムと塩化アンモニウムの反応では温度が[㊲　　　]。これらの反応ではいずれも熱を[㊳　　　]するので，[㊴　　　]反応である。

⑱ _____
⑲ _____
⑳ _____
㉑ _____
㉒ _____
㉓ _____
㉔ _____
㉕ _____
㉖ _____
㉗ _____
㉘ _____
㉙ _____
㉚ _____
㉛ _____
㉜ _____
㉝ _____
㉞ _____
㉟ _____
㊱ _____
㊲ _____
㊳ _____
㊴ _____

Step A ▷ Step B ▷ Step C

●時　間 35分	●得　点
●合格点 75点	点

解答▶別冊 14 ページ

重要 **1** [銅の酸化]　次の文を読み，あとの問いに答えなさい。 (7点×2 − 14点)

図1のように，いろいろな質量の銅の粉末と空気中の酸素とを十分反応させ，できた酸化銅の質量を測定した。図2はその結果をもとにして，銅の質量と，反応した酸素の質量との関係をグラフにしたものである。

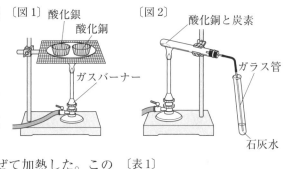

〔図1〕 銅の粉末　ステンレス皿　ガスバーナー

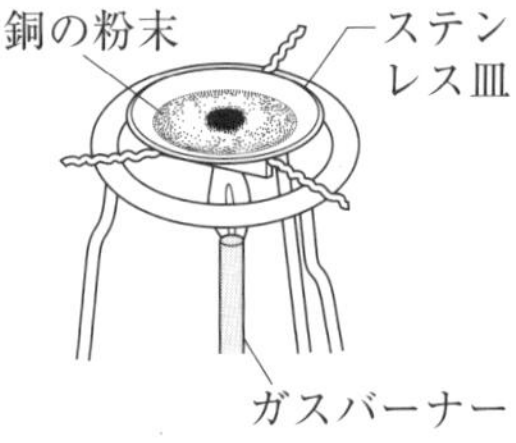

〔図2〕

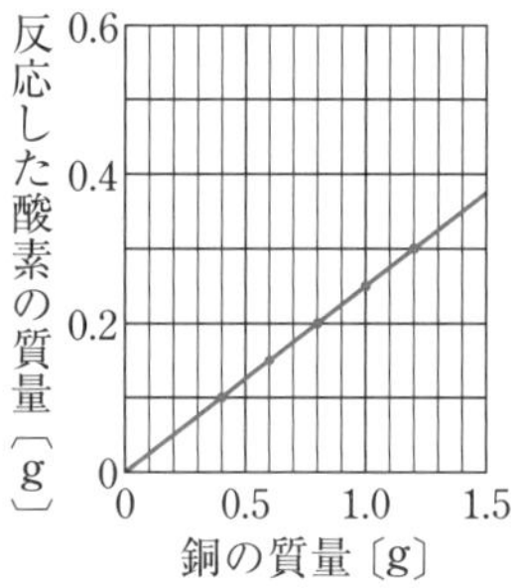

(1) この実験において，1.2 g の銅の粉末からできた酸化銅の質量は何 g か。図2をもとにして，答えなさい。

(2) この実験では，銅の原子と酸素の原子が1：1の割合で結びついて酸化銅(CuO)ができた。この実験で，酸素の分子 10 個がすべての銅の原子と反応して，酸化銅になったとすると，酸素の分子 10 個は，何個の銅の原子と反応したことになるか。その個数を答えなさい。

(1)	(2)

〔静岡−改〕

2 [分解と還元(かんげん)]　黒色の粉末である酸化銀，酸化銅，炭素を用いて次の実験を行った。あとの問いに答えなさい。 (7点×3 − 21点)

〔実験1〕　図1のように，アルミニウムはくでつくった容器に少量の酸化銀，酸化銅をそれぞれ入れて加熱した。加熱後の変化のようすを表1にまとめた。

〔図1〕酸化銀　酸化銅　ガスバーナー

〔図2〕酸化銅と炭素　ガラス管　石灰水

〔実験2〕　図2のように，酸化銅と炭素を混ぜて加熱した。このとき，発生した気体Yにより，石灰水(せっかい)は白く濁り(にご)，加熱した試験管には赤色の銅ができた。

〔表1〕

物　質	変化のようす
酸化銀	白い物質に変化する
酸化銅	変化しない

(1) 実験1で，酸化銀を加熱したときにできた白い物質は銀である。銀について，右の表2のa〜dの性質を調べ，あてはまるものに○印をつけた。このとき正しい結果を示しているものは，表2の**ア〜オ**のどれか。1つ選び，記号を書きなさい。

〔表2〕

性　質	ア	イ	ウ	エ	オ
a たたくとうすく延びる	○	○	○		○
b 磁石にくっつく	○	○		○	○
c みがくと光る	○		○	○	○
d 電気を通す		○	○	○	○

(2) 実験2の化学変化を次のように考えた。この式をもとに，発生した気体Yの分子のモデルをかきなさい。ただし，炭素原子を●，酸素原子を○，銅原子を◎で表すものとする。

酸化銅　＋　炭素 ⟶ 銅　＋　Y

(3) 実験1から，そのまま加熱すると，酸化銀からは銀をとり出せるが，酸化銅からは銅をとり出せないことがわかる。一方，実験2から，酸化銅と炭素を混ぜて加熱したときには，酸化銅か

ら銅をとり出せることがわかる。このことから，銀，銅，炭素を酸素と結びつきやすい順に原子の記号で左から並べたものはどれか。次の**ア〜カ**から1つ選び，記号で答えなさい。

ア Ag, Cu, C **イ** Cu, C, Ag **ウ** C, Ag, Cu **エ** Ag, C, Cu

オ Cu, Ag, C **カ** C, Cu, Ag

(1)	(2)	(3)

〔秋 田〕

3 [アンモニアの発生]　右の図のように，塩化アンモニウムと水酸化バリウムをビーカーに入れ，ガラス棒でよく混ぜ，温度が変化するのを観察した。次の問いに答えなさい。

(6点×5 − 30点)

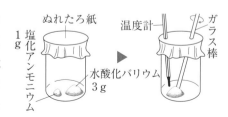

(1) この化学反応によって発生する気体を化学式で答えなさい。

(2) この化学変化について，次の文中の〔　　　〕にあてはまる語句をあとの**ア〜カ**からそれぞれ1つずつ選び，記号で答えなさい。

　　この反応では温度計の示度が〔①　　　〕ので，熱を〔②　　　〕する〔③　　　〕である。

ア 上がる　**イ** 下がる　**ウ** 放出　**エ** 吸収　**オ** 発熱反応　**カ** 吸熱反応

(3) 次の**ア〜オ**の化学変化から熱を放出する反応を3つ選び，記号で答えなさい。

　ア 酸化カルシウムに水を加えたときに起こる化学変化

　イ 炭酸水素ナトリウムを加熱したとき，気体が発生する化学変化

　ウ 鉄粉に食塩水を加えたときに起こる化学変化

　エ 濃塩酸に濃アンモニア水をつけた脱脂綿を近づけると白煙を生じる化学変化

　オ 塩化アルミニウム水溶液と炭酸ナトリウム水溶液を混ぜたときに起こる化学変化

(1)		(2)	①	②	③	(3)

4 [発熱反応と吸熱反応]　水素224mL（20mg）と酸素112mLを耐圧容器に入れ点火すると，水が0.18g生じる。これについて次の問いに答えなさい。

(7点×5 − 35点)

(1) この反応を化学反応式で書きなさい。

(2) 容器内の温度は上がりますか，下がりますか。また，発熱反応，吸熱反応のどちらですか。

(3) 「同温，同圧，同体積の気体中には，同数の気体分子が含まれる」という法則がある。これをもとに，「水素分子の質量：酸素分子の質量」を最も簡単な整数比で答えなさい。

(4) 以下の化学反応のうち，熱が発生しない，吸熱反応のものをすべて選びなさい。

　ア $2NH_4Cl + Ba(OH)_2 \longrightarrow BaCl_2 + 2H_2O + 2NH_3$

　イ $Fe + S \longrightarrow FeS$

　ウ $3Fe + 2O_2 \longrightarrow Fe_3O_4$

　エ $2Ag_2O \longrightarrow 4Ag + O_2$

(1)	(2)		(3)	(4)

〔函館ラ・サール高−改〕

11 化学変化と物質の質量

Step A ▶ Step B ▶ Step C

1 化学変化の前後の質量

解答▶別冊 14 ページ

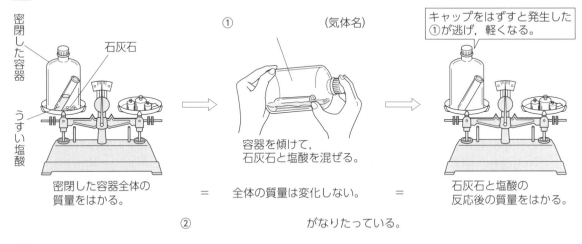

密閉した容器
石灰石
うすい塩酸
密閉した容器全体の質量をはかる。

①
(気体名)
容器を傾けて, 石灰石と塩酸を混ぜる。
全体の質量は変化しない。

キャップをはずすと発生した①が逃げ, 軽くなる。
石灰石と塩酸の反応後の質量をはかる。

＝　全体の質量は変化しない。　＝

② 　　　がなりたっている。

2 化学変化と質量の割合

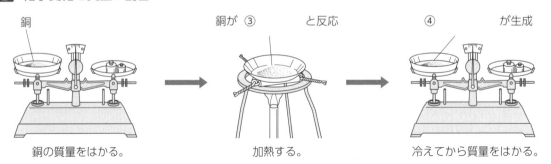

銅
銅が ③ 　　　と反応
④ 　　　が生成
銅の質量をはかる。
加熱する。
冷えてから質量をはかる。

① 下の表をもとにグラフを描きなさい。

〔表　実験結果〕

銅の質量〔g〕	0	0.4	0.8	1.2	1.6
④の質量〔g〕	0	0.5	1.0	1.5	2.0
反応した③の質量〔g〕	⑤	⑥	⑦	⑧	⑨

⑩
④の質量〔g〕
2.0
1.5
1.0
0.5
0
0　0.4　0.8　1.2　1.6
銅の質量〔g〕

⑪
反応した③の質量〔g〕
0.4
0.3
0.2
0.1
0
0　0.4　0.8　1.2　1.6
銅の質量〔g〕

② この実験結果から, 銅と③は, いつも ⑫ 　　：　　の割合で反応していることがわかる。このように物質が

反応するとき, それぞれの物質の質量の割合は ⑬ 　　　　　　　　。

▶次の[　]にあてはまる語句や数値を入れなさい。

3 化学変化の前後の質量

① 200 g の硫酸と 250 g の水酸化バリウム水溶液を混ぜると [⑭　　] 色の沈殿物ができる。このとき全体の質量は [⑮　　] g になる。

② 右の図のように，フラスコが割れないように砂をしいて，酸素を入れ，これにスチールウールを入れ，フラスコを密閉する。これに電流を流すと，スチールウールは燃える。このとき，燃焼によって，スチールウールの質量は [⑯　　] なるが，密閉したフラスコ全体の質量は [⑰　　]。

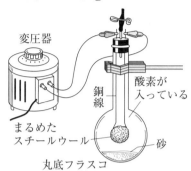

変圧器
酸素が入っている
銅線
まるめたスチールウール
砂
丸底フラスコ

③ 化学変化の前後で全体の質量は等しいという質量保存の法則がなりたつことから，反応の前後で原子の [⑱　　] と [⑲　　] には変化がないといえる。

4 化学変化と質量の割合

① 右のグラフで，0.6 g のマグネシウムと反応する酸素の質量は [⑳　　] g である。

　また，1.2 g のマグネシウムを加熱したときにできる酸化マグネシウムの質量は [㉑　　] g である。グラフより，マグネシウムと酸素の反応する質量の割合は，マグネシウム：酸素＝ [㉒　　] である。

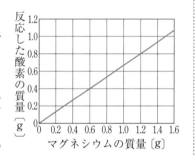

反応した酸素の質量 〔g〕
マグネシウムの質量 〔g〕

② 10 cm³ の塩酸の中に，いろいろな長さのマグネシウムリボンを入れて，発生する気体の体積を測定した。マグネシウムリボンの長さが 4 cm のときに発生する気体は [㉓　　] cm³ である。

　また，10 cm³ の塩酸にちょうど反応するマグネシウムリボンの長さは [㉔　　] cm である。塩酸の量を 20 cm³ にすると，最大 [㉕　　] cm³ の気体が発生し，[㉖　　] cm までのマグネシウムリボンを反応させることができる。このとき，発生した気体は [㉗　　] である。

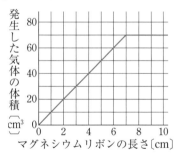

発生した気体の体積 〔cm³〕
マグネシウムリボンの長さ〔cm〕

③ $A + B \longrightarrow C$ の化学変化においては，A と B の反応する質量比はつねに [㉘　　] であり，生成物 C と A および B の質量比も [㉙　　] である。

⑭ _____
⑮ _____
⑯ _____
⑰ _____
⑱ _____
⑲ _____

⑳ _____
㉑ _____
㉒ _____
㉓ _____
㉔ _____
㉕ _____
㉖ _____
㉗ _____
㉘ _____
㉙ _____

Step A 〉 Step B 〉 Step C 〉

●時　間 40分	●得　点
●合格点 70点	点

解答▶別冊 15 ページ

1 ［物質の燃焼と質量変化］　次の実験について，あとの問いに答えなさい。　　（10点×3－30点）

〔実験 1〕

　（i）質量の等しいスチールウールと木片を用意して，図 1 のように　〔図 1〕
てんびんの左右に，スチールウールをピアノ線でつるしてつり
合わせ，片方に火をつけ，てんびんがどちらに傾くかを確認し
た。スチールウールの燃えた部分は黒色に変化していた。

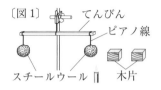

てんびん
ピアノ線
スチールウール　木片

　（ii）図 1 のてんびんの左右に，木片をピアノ線でつるしてつり合わせ，片方に火をつけ，てん
びんがどちらに傾くかを確認した。木片の燃えた部分は黒くなっていた。

〔実験 2〕　下の表に示した質量の鉄粉と硫黄の粉末を均一に混ぜ合　〔図 2〕
わせて入れた試験管 A～E を用意した。図 2 のようにそれぞれ　鉄粉と硫黄の
粉末の混合物
の試験管を加熱し，混合物の上部が赤くなったときに砂の上に　ガスバーナー
置いたところ，加熱をやめても光と熱を発しながら反応が進み
黒色の物質ができた。十分に冷ましたあと，できた物質の性質

砂

を確認するために磁石をそれぞ
れの試験管に近づけたところ，
試験管 A，B，C は磁石につか
なかったが，試験管 D，E は磁石についた。

	試験管 A	試験管 B	試験管 C	試験管 D	試験管 E
鉄粉〔g〕	3.0	4.0	5.0	6.0	7.0
硫黄の粉末〔g〕	3.2	3.2	3.2	3.2	3.2

(1)実験 1 について，次の**ア**～**ウ**を，質量の小さい順に左から並べて書きなさい。ただし，ピアノ
線の質量は，加熱によって変化しないものとする。

　ア　火をつけなかったほうのスチールウール

　イ　火をつけたほうのスチールウール

　ウ　火をつけたほうの木片

(2)次の文は，試験管 D について考察したものである。①，②にあてはまるものは何か。①は**ア**，
イのどちらかを選び，②は数値を書きなさい。

　　本で調べると，鉄と硫黄は 7：4 の質量比で過不足なく反応することがわかった。このこと
から，試験管 A～C は磁石につかなかったが，試験管 D が磁石についたのは，反応しなかった
①（**ア**　鉄　　**イ**　硫黄）が残っていたためであり，その質量は　②　g であったと考えられる。

(1)		(2)	①	②

〔福島－改〕

2 ［塩酸と炭酸カルシウムの反応］　次の実験について，あとの問いに答えなさい。（10点×3－30点）

〔実験 1〕　5 個のビーカー A～E にうすい塩酸を 15cm³ ずつとり，それぞ
れビーカーとうすい塩酸を合わせた質量を測定した。次に，それぞれ
のビーカーに質量の異なる炭酸カルシウム（石灰石の主成分）を加えて
気体が出なくなるまで反応させたあと，ビーカーを含めた全体の質量
を測定した。このとき，ビーカー D，E では加えた炭酸カルシウムの
一部が反応しないで溶け残った。次の表は，その結果をまとめたものである。

うすい
塩酸

電子てんびん

〔実験2〕 貝殻中に含まれる炭酸カルシウムの質量を調べるために，貝殻を粉末状にしたものを，十分な量の実験1と同じ濃度のうすい塩酸と，気体が出なくなるまで反応させた。このとき，発生した気体の質量を求めると，1.21 g であった。ただし，貝

ビーカー		A	B	C	D	E
反応前	ビーカーとうすい塩酸の質量〔g〕	74.69	74.50	74.26	74.94	74.18
	炭酸カルシウムの質量〔g〕	0.50	1.00	1.50	2.00	2.50
反応後	ビーカーを含めた全体の質量〔g〕	74.97	75.06	75.10	76.28	76.02

殻中に含まれる炭酸カルシウム以外の成分は，うすい塩酸と反応しないものとする。

重要 (1) 実験1のうすい塩酸 15cm³ と反応させて溶かすことのできる炭酸カルシウムの質量は，最大で何 g ですか。

(2) 反応後のビーカー E に溶け残った炭酸カルシウムを完全に溶かすためには，実験1のうすい塩酸を，少なくともあと何 cm³ 加えればよいですか。

(3) 実験2で，うすい塩酸と反応した，貝殻中に含まれる炭酸カルシウムの質量は何 g ですか。

(1)	(2)	(3)

〔愛 媛〕

3 ［銅と酸素の反応］ 次の実験について，あとの問いに答えなさい。 (10点×4－40点)

〔実験1〕 質量の異なる銅粉末をステンレス皿にのせ，図1の装置で十分に加熱し，冷えてから加熱後の物質の質量をはかった。表1は，加熱する銅粉末の質量と加熱後の物質の質量の関係を表したものである。

〔図1〕
ステンレス皿
ガスバーナー

〔実験2〕 マグネシウム粉末でも，実験1と同じように実験を行った。表2は，加熱するマグネシウム粉末の質量と加熱後の物質の質量の関係を表したものである。

〔表1〕

銅の質量〔g〕	0.40	0.60	0.80	1.00	1.20
加熱後の物質の質量〔g〕	0.50	0.75	1.00	1.25	1.50

〔表2〕

マグネシウムの質量〔g〕	0.30	0.60	0.90	1.20	1.50
加熱後の物質の質量〔g〕	0.50	1.00	1.50	2.00	2.50

(1) 実験1の操作を行う際，注意すべきこととして適当でないものはどれか。次のア～エから1つ選び，記号で答えなさい。

ア 金属の粉末は新しいものを使用する。

イ 始めは強火で熱し，その後，弱火にする。

ウ 金属の粉末をステンレス皿全体にうすく広げて熱する。

エ 実験中は部屋の空気を十分に入れかえるようにする。

〔図2〕

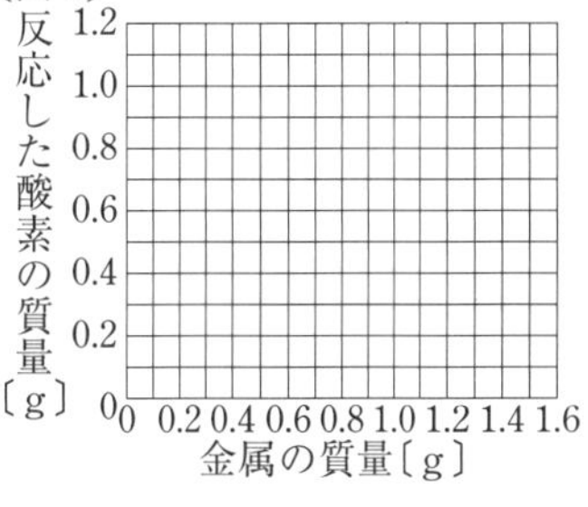

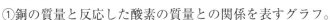

反応した酸素の質量〔g〕（縦軸：0 0.2 0.4 0.6 0.8 1.0 1.2）
金属の質量〔g〕（横軸：0 0.2 0.4 0.6 0.8 1.0 1.2 1.4 1.6）

(2) 実験1，2の結果をもとに，次の①，②のグラフをそれぞれ図2に描きなさい。

①銅の質量と反応した酸素の質量との関係を表すグラフ。

②マグネシウムの質量と反応した酸素の質量との関係を表すグラフ。

(3) 銅と反応した酸素の質量と，マグネシウムと反応した酸素の質量が同じとき，銅とマグネシウムの質量の比はいくらか。次のア～カから最も適切なものを1つ選び，記号で答えなさい。

ア 1：2 イ 2：1 ウ 3：2 エ 4：1 オ 4：3 カ 8：3

(1)	(2) ①（図に記入）	②（図に記入）	(3)

〔富 山〕

Step A 〉 Step B 〉 Step C-②

●時間 40分	●得点
●合格点 75点	点

解答▶別冊 15 ページ

重要 **1** 次の実験について，あとの問いに答えなさい。

(5点×4－20点)

〔実験1〕 鉄粉3.5gと硫黄（いおう）粉末2.0gをよく混合したものを試験管に入れ，図1のような装置で加熱した。試験管の中が赤くなり始めたところで加熱をやめ，その中の変化が終わるまで観察した。試験管の中にはやや光沢（こうたく）のある黒っぽい固体ができていた。

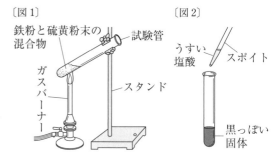

〔図1〕 鉄粉と硫黄粉末の混合物　試験管　ガスバーナー　スタンド

〔図2〕 うすい塩酸　スポイト　黒っぽい固体

〔実験2〕 試験管が冷えたあと，図2のようにうすい塩酸を少量加えたら気体が発生した。

(1)実験1で，試験管の中にできた黒っぽい固体は何ですか。

(2)鉄粉と硫黄粉末が完全に反応する質量の比は7：4である。いま，鉄粉と硫黄粉末を完全に反応させて，黒っぽい固体を8.8gつくるとすれば，鉄粉は何g必要ですか。

(3)実験1で，試験管の中で起こった化学変化を何というか。次の**ア～エ**から1つ選びなさい。

ア 酸 化　**イ** 硫（りゅう）化（か）　**ウ** 混 合　**エ** 分 解

(4)実験2で発生した気体について述べているものはどれか。次の**ア～エ**から1つ選びなさい。

ア 無色無臭で石灰水を白く濁（にご）らせる。　**イ** 無色で特有な刺激臭（しげきしゅう）がある。

ウ 無色無臭で物質を燃焼させる。　**エ** 有色で特有な刺激臭がある。

(1)	(2)	(3)	(4)

〔千葉－改〕

2 化学変化で温度変化をともなう実験を行った。次の問いに答えなさい。 (4点×5－20点)

(1)次の文は，実験を行ったときの記録である。　①　，　②　に最も適切な語句を入れなさい。

鉄と硫黄の粉末を少量の水でこねて，右の図のようにだんごにすると，温度が上がった。このとき，熱を　①　していることがわかった。このような温度が上がる化学変化を　②　反応という。

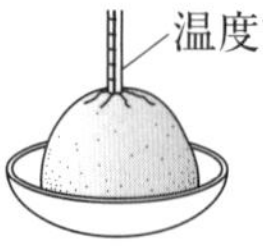

温度計

(2)さらに，次の**ア～ウ**の実験を行った。温度が下がった反応をすべて選びなさい。

ア 硝酸（しょうさん）アンモニウムに水を加えた。　**イ** 塩化アンモニウムに水酸化バリウムを加えた。

ウ 石灰水にうすい硫酸を加えた。

(3)温度上昇（じょうしょう）をともなう化学変化で，生活の中で利用しているものを次の例にしたがって簡潔に書きなさい。例の［　　　］の部分だけ書きなさい。

〔例〕 （具体的なもの） （化学変化）
　　　 携帯かいろ は 鉄が酸素と反応する ときの温度上昇を利用。

(1)	①	②	(2)	(3)

〔宮崎－改〕

3 銅を十分に加熱して，酸化銅にする実験を行った。表1は加熱前の銅と加熱後の酸化銅の質量を測定した結果である。　(6点×3 − 18点)

〔表1〕

	実験1	実験2	実験3	実験4	実験5
銅の質量〔g〕	0.500	0.600	0.700	0.800	0.900
酸化銅の質量〔g〕	0.625	0.750	0.875	1.000	1.125

(1) 銅の質量と反応した酸素の質量の比を最も簡単な整数で求めなさい。

(2) 右の図は，表1の結果をもとに作成したグラフである。銅の質量と反応した酸素の質量の比が8：1となるグラフを右の図に実線で描きなさい。

(3) 銅のかわりに金属Mを用いて加熱を行ったところ，表2の結果になった。このとき，M原子1個と酸素原子1個の質量比はいくらか。最も簡単な整数で求めなさい。ただし，この反応は次の化学反応式で進むものとする。

　化学反応式：$4M + 3O_2 \rightarrow 2M_2O_3$

〔表2〕

	実験1	実験2	実験3	実験4	実験5
Mの質量〔g〕	1.40	1.75	2.10	2.45	2.80
Mの酸化物の質量〔g〕	2.00	2.50	3.00	3.50	4.00

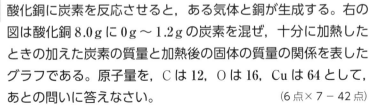

(1) 銅：酸素 =	(2)（図に記入）	(3) M：酸素 =

〔四天王寺高〕

4 酸化銅に炭素を反応させると，ある気体と銅が生成する。右の図は酸化銅8.0gに0g～1.2gの炭素を混ぜ，十分に加熱したときの加えた炭素の質量と加熱後の固体の質量の関係を表したグラフである。原子量を，Cは12，Oは16，Cuは64として，あとの問いに答えなさい。　(6点×7 − 42点)

(1) 酸化銅に炭素を混ぜ，十分に加熱したときに起こる化学変化を化学反応式で表しなさい。

(2) (1)の酸化銅の反応は何といわれるか。漢字2文字で書きなさい。

(3) 酸化銅を完全に反応させるのに必要な炭素は少なくとも何gですか。

(4) 加熱後の固体の質量が7.2gのとき，生成した銅は何gですか。

(5) 加えた炭素の質量が0.1gのとき，加熱後に残った酸化銅の質量は何gか。小数第2位を四捨五入して小数第1位まで答えなさい。

(6) 加えた炭素の質量が0.9gのとき，発生した気体に含まれる酸素原子の質量は何gですか。

(7) 加えた炭素の質量が0.4gのとき，発生した気体に含まれる酸素原子の質量は何gか。小数第2位を四捨五入して小数第1位まで答えなさい。

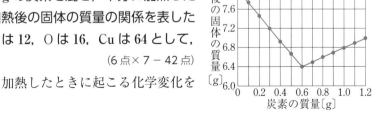

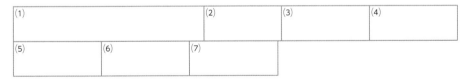

(1)	(2)	(3)	(4)
(5)	(6)	(7)	

〔開明高−改〕

12 生物と細胞

Step A ＞ Step B ＞ Step C

1 細胞のつくり

解答▶別冊 16 ページ

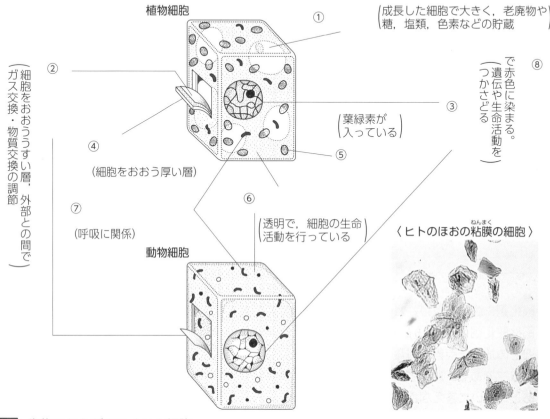

植物細胞

① （成長した細胞で大きく，老廃物や糖，塩類，色素などの貯蔵）

⑧ で赤色に染まる。（遺伝や生命活動をつかさどる）

② （細胞をおおううすい層，ガス交換・物質交換の調節（外部との間で））

③ （葉緑素が入っている）

④ （細胞をおおう厚い層）

⑤

⑥ （透明で，細胞の生命活動を行っている）

⑦ （呼吸に関係）

動物細胞

〈ヒトのほおの粘膜の細胞〉

2 生物のからだのつくりと細胞

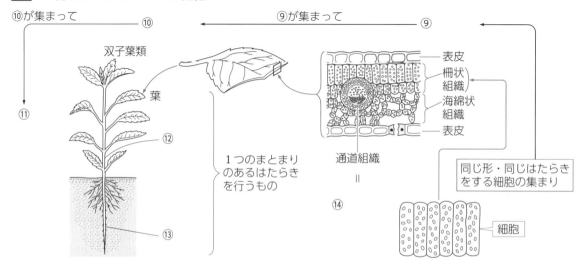

⑩が集まって　　⑩　　←　⑨が集まって　　⑨

双子葉類

葉

表皮
柵状組織
海綿状組織
表皮

⑪

⑫

⑬

1つのまとまりのあるはたらきを行うもの

通道組織 ＝

⑭

同じ形・同じはたらきをする細胞の集まり

細胞

▶次の[　]にあてはまる語句を入れなさい。

3 細胞のつくりとはたらき

1 生物が生きていく活動は，すべて[⑮　　]のはたらきがもとになっている。

2 植物細胞と動物細胞に共通したつくりには，生物の遺伝にかかわる[⑯　　](DNA)を含む[⑰　　]，[⑰]のまわりの部分である[⑱　　]，そして，これらをつつむ非常にうすい膜の[⑲　　]がある。

3 細胞質は細胞の[⑳　　]活動を行い，[㉑　　]に関係するミトコンドリア，分泌活動を行うゴルジ体なども含まれる。

4 細胞膜は，細胞と外部との間での物質の出入りを[㉒　　]する。

5 植物細胞だけにあり，[㉓　　]のはたらきでデンプンをつくりだすのは[㉔　　]である。

6 植物は，[㉕　　]で塩分や糖などを貯蔵している。

7 植物は動物のように骨格がないので，細胞の外側のセルロースでできているじょうぶな[㉖　　]のはたらきでからだを支えている。

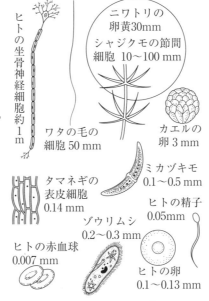

〈細胞とその大きさ〉

4 生物体のつくりと細胞

1 アメーバやゾウリムシのように１つの細胞からできている生物を[㉗　　]といい，２個以上の多数の細胞からなる生物を[㉘　　]という。

2 カエルの小腸の壁は，同じような[㉙　　]をした細胞が集まっている。

3 生物のからだに見られ，形やはたらきの同じ細胞の集まりを[㉚　　]という。

4 [㉚]がいくつか集まってまとまったはたらきをするものを[㉛　　]といい，[㉛]がより集まって，[㉜　　]ができている。

5 動物の胃，小腸，心臓などは[㉝　　]である。

6 植物の器官には，根・茎・[㉞　　]・[㉟　　]などがある。

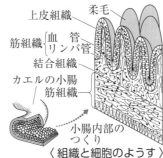

〈組織と細胞のようす〉

⑮ _____
⑯ _____
⑰ _____
⑱ _____
⑲ _____
⑳ _____
㉑ _____
㉒ _____
㉓ _____
㉔ _____
㉕ _____
㉖ _____
㉗ _____
㉘ _____
㉙ _____
㉚ _____
㉛ _____
㉜ _____
㉝ _____
㉞ _____
㉟ _____

Step A ▶ Step B ▶ Step C

●時　間 45分	●得　点
●合格点 75点	点

解答▶別冊16ページ

重要 **1** [細胞]　次の観察1，2について，あとの問いに答えなさい。　　　　　(4点×4－16点)

〔観察1〕　タマネギの表皮にかみそりの刃で約5mm四方の切りこみを入れた。その1片をうすくはがして，スライドガラス上に1滴落とした酢酸カーミン液の上に置き，カバーガラスをかけて顕微鏡で観察した。細胞内にはよく染まった丸い粒が見られた。図1はそのときのスケッチである。

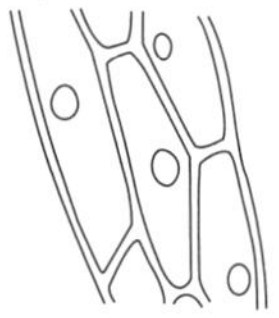

〔観察2〕　ヒトのほおの内側の細胞をつまようじで軽くこすりとり，それをスライドガラス上に軽くなすりつけた。その上に酢酸カーミン液を1滴落とし，観察1と同じようにして観察したところ，細胞内にはよく染まった丸い粒が見られた。図2はそのときのスケッチである。

〔図1〕

〔図2〕

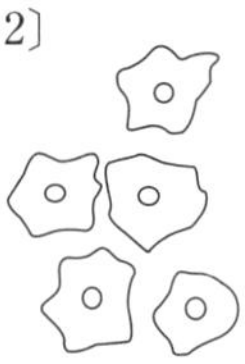

(1) 次の**ア〜エ**は，顕微鏡に接眼レンズと対物レンズをとりつけたあとの操作について述べたものである。**ア〜エ**を，観察するときの正しい順に並べ，その記号を書きなさい。

ア　ステージにプレパラートをのせ，クリップでとめる。

イ　横から見ながらプレパラートと対物レンズをできるだけ近づける。

ウ　視野全体が明るく見えるように，反射鏡としぼりを調節する。

エ　接眼レンズをのぞきながら，プレパラートと対物レンズを少しずつ離していく。

(2) 観察1，2でよく染まった丸い粒について，次の①，②に答えなさい。

①この粒の名称を書きなさい。

②細胞が分裂するとき，この粒の中にひも状のものが現れる。このひも状のものを何というか。その名称を書きなさい。

記述 (3) 図1と図2の細胞のつくりを比べて，違うところはどこか書きなさい。

(1)		(2)	①		②	
(3)						

〔和歌山－改〕

2 [植物細胞のつくり]　右の図は高等植物の細胞を顕微鏡で見たものである。下の問いに答えなさい。　　　　　(4点×8－32点)

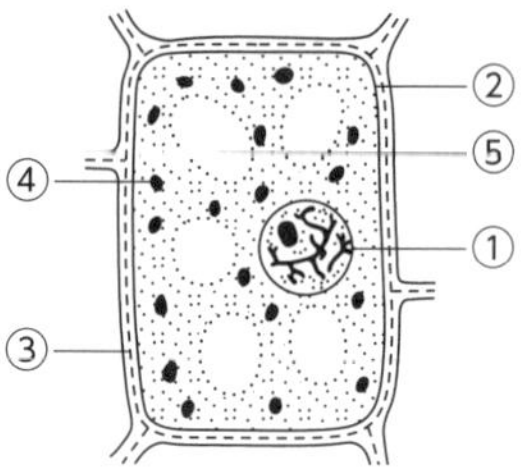

(1) 図の中に示されている①〜⑤の構造体について，その名称を次の**ア〜オ**よりそれぞれ選びなさい。

ア　液胞　**イ**　細胞壁　**ウ**　細胞膜　**エ**　核　**オ**　葉緑体

(2) 動物細胞に一般にないものを図の①〜⑤より3つ選びなさい。

(3) 光合成を営んでいる所を図の①〜⑤より1つ選びなさい。

(4) 細胞を顕微鏡で観察するときに，ある液体で染色させる。その液体の名称を答えなさい。

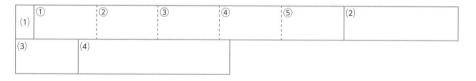

〔大阪青凌高－改〕

3 [いろいろな細胞] 下の図は顕微鏡で観察したいろいろな細胞を模式的に表したものである。①～⑥にあてはまるものを，下のア～ケより選び記号で答えなさい。 (4点×6 − 24点)

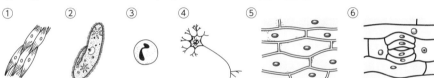

① ② ③ ④ ⑤ ⑥

ア 神経細胞　**イ** 孔辺細胞　**ウ** 鼻の粘膜の細胞　**エ** ゾウリムシ　**オ** 血球
カ 骨の細胞　**キ** ミドリムシ　**ク** 筋肉の細胞　**ケ** タマネギの表皮の細胞

①	②	③	④	⑤	⑥

〔大阪桐蔭高−改〕

4 [植物と動物の細胞] 次の観察について，あとの問いに答えなさい。 (4点×7 − 28点)

〔観察1〕 ムラサキツユクサの葉の裏側の表皮をはがし，その表皮に染色液(酢酸オルセイン)を滴下したプレパラートと滴下しないプレパラートをつくった。染色液を滴下していないプレパラートを観察すると，図1のように三日月形の細胞が見られた。そこで対物レンズを高倍率にして

〔図1〕三日月形の細胞　染色液を滴下していないもの
〔図2〕三日月形の細胞　すき間X　緑色の粒　染色液を滴下していないもの
〔図3〕三日月形の細胞　染色液を滴下したもの

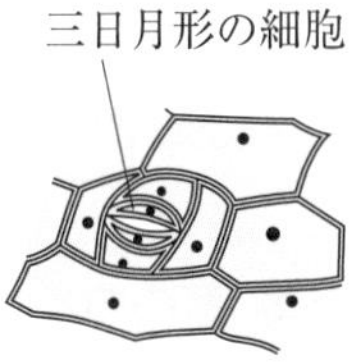

観察すると，図2のように三日月形の細胞で囲まれたすき間Xが見られ，三日月形の細胞の中には緑色の粒が見られた。図3は染色液を滴下した細胞のスケッチである。

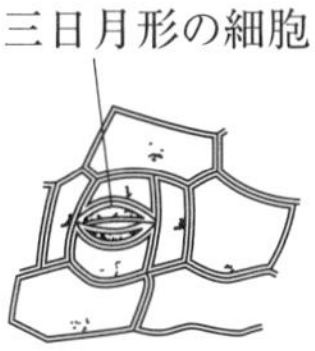

〔観察2〕 ヒトのほおの内側の部分をこすりとり，スライドガラスにつけ，染色液を滴下したプレパラートと滴下しないプレパラートをつくり観察した。図4は，染色液を滴下したヒトのほおの内側の細胞のスケッチである。

〔図4〕染色液を滴下したもの

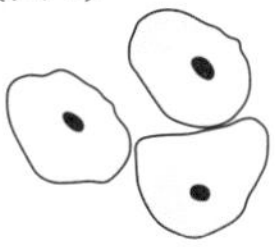

(1) 対物レンズを高倍率にして観察すると，低倍率のときに比べて，対物レンズとプレパラートの距離がどのように変わるか，簡潔に説明しなさい。

(2) 図2の三日月形の細胞で囲まれたすき間Xを何というか。名称を書きなさい。

(3) 観察1，2で染色液を滴下したプレパラートと滴下していないプレパラートを観察するとどのような違いが見られるか。簡潔に説明しなさい。

(4) 次の文中の□の①～④にあてはまる語句を書きなさい。

観察1，2から，ムラサキツユクサの葉の裏側の表皮の細胞と，ヒトのほおの内側の細胞に共通したつくりとして，1つの細胞の中に1個の □①□ があることがわかった。また，ムラサキツユクサの葉の裏側の表皮にある三日月形の細胞には □②□ とよばれる緑色の粒が見られたが，ヒトのほおの内側の細胞には見られなかった。

植物の細胞では，細胞膜の外側に □③□ というじょうぶなしきりがある。さらに光合成を行う細胞の中には □②□ がある。また，一般に植物の細胞には □④□ も見られる。

(1)		(2)		(3)

(4)	①	②	③	④

13 根・茎・葉のはたらき

Step A 〉 Step B 〉 Step C

解答▶別冊 17 ページ

1 根のつくり

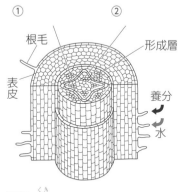

① 根毛
② 形成層
表皮
養分
水

〈 ダイコンの根毛 〉

ホウセンカ　　　スズメノカタビラ

③　　④　　⑤

2 茎のつくり

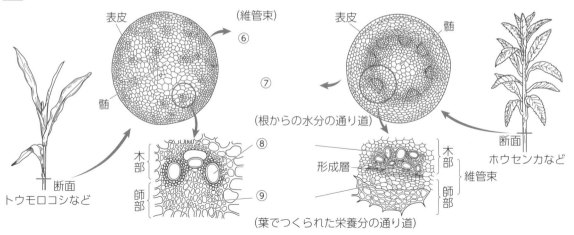

表皮　　　（維管束）
⑥
髄
⑦

表皮　　　髄

（根からの水分の通り道）

断面
トウモロコシなど

木部　　　⑧
師部　　　⑨

（葉でつくられた栄養分の通り道）

形成層　　木部
維管束
師部

断面
ホウセンカなど

3 葉のつくり

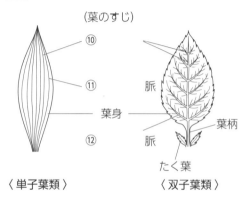

（葉のすじ）
⑩
⑪
葉身
⑫

脈
葉柄
脈
たく葉

〈 単子葉類 〉　　〈 双子葉類 〉

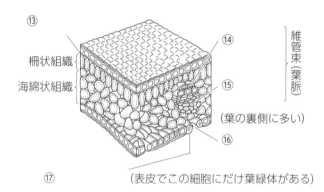

⑬
柵状組織
海綿状組織

⑭
維管束（葉脈）
⑮
（葉の裏側に多い）
⑯
⑰
（表皮でこの細胞にだけ葉緑体がある）

▶次の[　]にあてはまる語句を入れなさい。

4 気孔のつくりとはたらき

① 気孔は，2個の[⑱　　　]によってつくられるすきまのことである。葉の[⑲　　　]側に多く見られる。

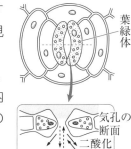

葉緑体

② 気孔は，酸素，二酸化炭素の出入り口，また，水蒸気を放出する[⑳　　　]作用を行い，体内の水分調節を行うとともに根の根毛からの[㉑　　　]作用を活発にする。

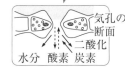

気孔の断面

水分　酸素　二酸化炭素

③ 葉の表皮細胞には[㉒　　　]は見られないが，気孔を形成する孔辺細胞には[㉒]が見られ，光合成を行う。

5 根のはたらき

① 根の先には細かい毛のような[㉓　　　]があり，このつくりによって土の中の[㉔　　　]や水に溶けている[㉕　　　]の吸収を行っている。

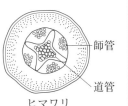

師管

道管

ヒマワリ
〈根の断面〉

② 根のつくりは，双子葉類では[㉖　　　]と[㉗　　　]に分かれ，単子葉類では[㉘　　　]とよばれるものになっている。

③ そのほかの根のはたらきとしては，[㉙　　　]はたらきがある。

6 茎のはたらき

① 茎の内部には，根から吸収した水や養分を通す[㉚　　　]と葉でつくられた有機物を運ぶ[㉛　　　]がある。

師管｝維
道管｝管束

ホウセンカ

　[㉚]は茎の[㉜　　　]に，[㉛]は茎の[㉝　　　]に位置し，この2種類の管を合わせて[㉞　　　]という。

② 維管束の茎の中での配置は，双子葉類では[㉟　　　]に並び，単子葉類では，[㊱　　　]に並んでいる。

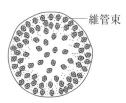

維管束

トウモロコシ

③ そのほかの茎のはたらきとしては，植物の[㊲　　　]はたらきがある。ただし，つる性の植物は，このはたらきを変化させている。

7 葉のはたらき

① 太陽などの光エネルギーを用いて[㊳　　　]を行い，有機物や[㊴　　　]をつくり出す。

② [㊵　　　]の開閉によって，[㊶　　　]作用を行う。

⑱ ＿＿＿＿＿

⑲ ＿＿＿＿＿

⑳ ＿＿＿＿＿

㉑ ＿＿＿＿＿

㉒ ＿＿＿＿＿

㉓ ＿＿＿＿＿

㉔ ＿＿＿＿＿

㉕ ＿＿＿＿＿

㉖ ＿＿＿＿＿

㉗ ＿＿＿＿＿

㉘ ＿＿＿＿＿

㉙ ＿＿＿＿＿

㉚ ＿＿＿＿＿

㉛ ＿＿＿＿＿

㉜ ＿＿＿＿＿

㉝ ＿＿＿＿＿

㉞ ＿＿＿＿＿

㉟ ＿＿＿＿＿

㊱ ＿＿＿＿＿

㊲ ＿＿＿＿＿

㊳ ＿＿＿＿＿

㊴ ＿＿＿＿＿

㊵ ＿＿＿＿＿

㊶ ＿＿＿＿＿

Step A ＞ Step B ＞ Step C

●時 間 35分	●得 点
●合格点 75点	点

解答▶別冊 17 ページ

1 [植物と水]　葉の部分からの蒸散によって吸い上げられる水の質量を調べるために，次の実験を行った。下の表は，実験結果である。あとの問いに答えなさい。ただし，ワセリンは水や水蒸気をまったく通さないものとする。　　　　　　　　　　　　　　　　　　　（9点×4－36点）

〔実験〕

(i) 葉の枚数が同じで，葉の大きさ，枝の太さが同じようなツバキの枝A，Bを用意した。また，枝と同じ太さのガラス棒を用意した。

(ii) 枝Aはすべての葉の表側と裏側にワセリンを塗り，枝Bは何も処理しなかった。

(iii) 50 mL の水が入った三角フラスコを3つ用意し，枝A，B，ガラス棒をそれぞれ入れた。

(iv) (iii)の三角フラスコについて，全体の質量をそれぞれ電子てんびんではかった。図は，枝Aを入れた三角フラスコ全体の質量をはかるようすを表した模式図である。

(v) (iii)の三角フラスコを日光があたる場所に並べて置き，1時間後に，再び全体の質量をそれぞれはかった。

	枝 A	枝 B	ガラス棒
実験開始時の全体の質量〔g〕	123.80	123.60	124.05
1時間後の全体の質量〔g〕	123.35	121.05	123.85

(1) 枝Aを入れた三角フラスコ全体の質量が変化した原因として適切なものを，次のア～エから2つ選び，記号で答えなさい。

ア　水面から水が蒸発したこと。　　　　イ　葉の表側から水が蒸発したこと。
ウ　葉の裏側から水が蒸発したこと。　　エ　葉以外の枝の部分から水が蒸発したこと。

(2) 実験結果から，葉の部分からの蒸散によって吸い上げられた水の質量は何 g であると考えられるか。小数第2位を四捨五入して，小数第1位まで求めなさい。

(3) 次の文は，蒸散と植物のからだにおける水の移動との関わりについて調べ，まとめたものである。　①　，　②　にあてはまる語を，それぞれ書きなさい。

　　植物は，葉の　①　の開閉によって蒸散の量を調節している。植物は，蒸散などのはたらきによって，根から水を吸い上げている。吸い上げられた水は，根，茎，葉にある維管束の中の　②　を通って，からだ全休に運ばれる。

(1)	(2)		(3)①	②

〔山 形〕

重要 2 [植物のつくり]　身近な植物を用いて，観察と実験を行った。あとの問いに答えなさい。

（9点×4－36点）　〔図1〕

〔観察〕　ツバキの葉をなるべくうすく切って切片をつくり，スライドガラスの上に置き，プレパラートを作成した。顕微鏡で葉の断面のつくりを観察すると，葉の表側に比べて裏側のほうが気孔の数が多いことがわかった。図1は，そのスケッチである。

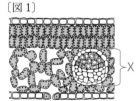

Step B

第1章 第2章 第3章 第4章 総仕上げテスト

〔実験〕 葉の大きさや枚数がほぼ同じである４本のサクラの枝Ａ〜Ｄを用意した。Ａは何も処理せず，Ｂは葉の裏側にワセリンを塗った。Ｃは葉の表側にワセリンを塗り，Ｄは葉をすべてとった。図２のように，水を入れた水槽の中で，Ａの茎とシリコンチューブを空気が入らないようにつなぎ，全体を持ち上げてみて水が出ないことを確認した。Ｂ〜Ｄについても同じ処理を行った。次に，図３のように，バットを置き，20分後にシリコンチューブ内の水の量の変化を調べた。その結果，Ｂと比べてＡやＣのほうが減った水の量が多かった。また，Ｄは水の量がほとんど変わらなかった。

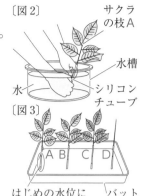

〔図２〕 サクラの枝Ａ／水槽／水／シリコンチューブ
〔図３〕A B C D／はじめの水位に印をつける。／バット

(1) 図１のＸの部分には，水や肥料分，養分などの通る管が集まっている。この管の集まりを何というか。言葉で書きなさい。

(2) 次の□□□にあてはまる最も適切なものを，あとのア〜エから１つ選び，記号で答えなさい。
　観察より，葉の裏側のほうが気孔の数が多かったことから，葉の裏側のほうが□□□と考えられる。
　ア さかんに養分がつくられる。　イ さかんに二酸化炭素がとりこまれる。
　ウ さかんに吸水が行われる。　エ さかんに蒸散が行われる。

記述(3) 実験で，葉にワセリンを塗る目的を，「気孔」という言葉を用いて簡潔に書きなさい。

(4) 実験で，ＡとＤの結果を比較すると，どのようなことがわかるか。次のア〜エから最も適切なものを１つ選び，記号で答えなさい。
　ア 葉が吸水に関係する。　イ 主に葉の表側が吸水に関係する。
　ウ 葉は吸水に関係しない。　エ 主に葉の裏側が吸水に関係する。

(1)	(2)	(3)	(4)

〔岐阜－改〕

3 [根・茎・葉] 次の図１〜図３は，被子植物の根・茎・葉のいずれかの断面を模式的に表したものである。次の問いに答えなさい。　(4点×7－28点)

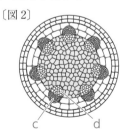 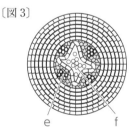

〔図１〕気孔 a b　〔図２〕c d　〔図３〕e f

(1) 図１〜図３は，根・茎・葉のうち，それぞれ，どの部分の断面図を表したものか，答えなさい。
(2) 図１〜図３のａ〜ｆのうち，師管はどれか。それぞれ，１つずつ選び，記号で答えなさい。
(3) 図２の植物は，単子葉類と双子葉類のどちらに分類される植物か，答えなさい。

(1)	図1	図2	図3	(2)	図1	図2	図3	(3)

14 植物の光合成と呼吸

Step A ▶ Step B ▶ Step C

解答▶別冊 18 ページ

1 光合成のしくみ

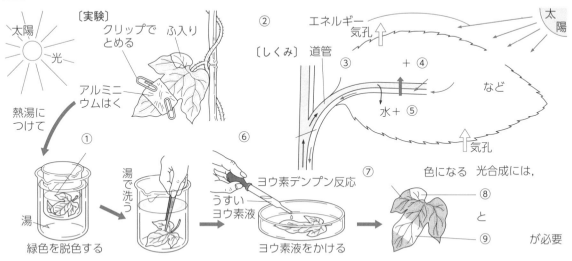

〔実験〕
太陽　光
クリップでとめる　ふ入り
アルミニウムはく
熱湯につけて
①
湯
緑色を脱色する
湯で洗う
⑥
ヨウ素デンプン反応
うすいヨウ素液
ヨウ素液をかける
⑦色になる
⑧
⑨

②
〔しくみ〕道管
エネルギー
気孔
③
＋ ④
など
水＋ ⑤
気孔
光合成には，
と
が必要

2 光合成の原料

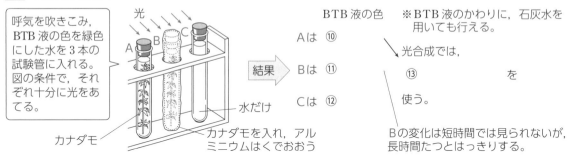

呼気を吹きこみ，BTB 液の色を緑色にした水を3本の試験管に入れる。図の条件で，それぞれ十分に光をあてる。

光
A　B　C
カナダモ
水だけ
カナダモを入れ，アルミニウムはくでおおう

BTB 液の色
Aは ⑩
Bは ⑪
Cは ⑫

※BTB 液のかわりに，石灰水を用いても行える。

光合成では，
⑬　　　　　を使う。

Bの変化は短時間では見られないが，長時間たつとはっきりする。

3 栄養分のゆくえ

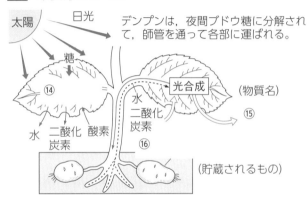

太陽　日光
糖
⑭
水　二酸化炭素　酸素
水　二酸化炭素
光合成
（物質名）
⑮
⑯
（貯蔵されるもの）

デンプンは，夜間ブドウ糖に分解されて，師管を通って各部に運ばれる。

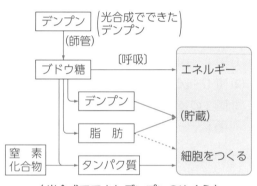

デンプン（光合成でできたデンプン）
（師管）
ブドウ糖
〔呼吸〕エネルギー
デンプン
脂肪　（貯蔵）
窒素化合物
タンパク質　細胞をつくる

〈光合成でできたデンプンのゆくえ〉

▶次の[　]にあてはまる語句を入れなさい。

4 光 合 成

① 植物の細胞の[⑰　　　]の中で，根から吸収した[⑱　　　]と葉の気孔からとり入れた[⑲　　　]を原料に，太陽の[⑳　　　]のエネルギーを用いて，[㉑　　　]と[㉒　　　]を合成する反応を行う。この反応のことを[㉓　　　]という。

② [㉔　　　]の反応は，光の強さや空気中の二酸化炭素の濃度，温度などの周囲の環境条件に左右される。この環境条件が，その植物に[㉕　　　]な条件になったとき，この反応は最もさかんになる。

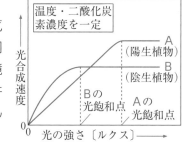

温度・二酸化炭素濃度を一定

光合成速度

A（陽生植物）
B（陰生植物）

Bの光飽和点　Aの光飽和点

0　光の強さ〔ルクス〕——→

③ [㉔]で合成された[㉖　　　]は，夜間にブドウ糖に分解されて，葉脈に入り，茎の師管を通ってからだ全体に運ばれる。運ばれた栄養分はその場所によって，さまざまなものに使われる。

5 呼 吸

① 植物も他の生物と同じように，酸素を吸収して[㉗　　　]を放出する呼吸作用を行う。

② 植物の呼吸は一日中行われているが，昼間は[㉘　　　]による気体の出入りが多いので，全体として二酸化炭素をとり入れ，[㉙　　　]を出しているように見え，呼吸が行われていないように見られる。

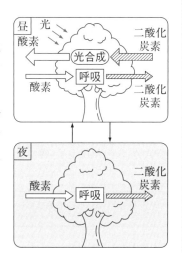

昼　光　酸素　二酸化炭素
光合成
酸素　呼吸　二酸化炭素

夜
酸素　呼吸　二酸化炭素

6 光合成と地球

① 光合成によってつくられたデンプンなどは，植物の成長に使われたり，根・茎・種子などに[㉚　　　]されたりする。また，これらは，ヒトをはじめほかの動物の[㉛　　　]となっている。

② 現在の地球の大気は，酸素を約21％，[㉜　　　]を約0.04％含んでいる。これは，大昔（20〜30億年前）の海中で出現したランソウという生物が光合成を行い，海中や大気中の二酸化炭素を吸収し，[㉝　　　]を放出したことに始まる。

③ 植物が行ってきた光合成は，地球誕生（約46億年前）以来の二酸化炭素の多い大気を，現在のような多くの生物がすめる大気へと変えた。これは，「植物の光合成のはたらきは[㉞　　　]をつくり変えた。」といえる。

⑰
⑱
⑲
⑳
㉑
㉒
㉓
㉔
㉕
㉖

㉗
㉘
㉙

㉚
㉛
㉜
㉝
㉞

第1章　第2章　第3章　第4章　総合実力テスト

Step A 〉 Step B 〉 Step C

●時　間 40分　●得　点
●合格点 75点　　　　　点

解答▶別冊 18 ページ

重要 **1** ［光合成と二酸化炭素］　次の実験について，あとの問いに答えなさい。　（6点×5 − 30点）

〔実験1〕　ある植物を，暗い場所に十分な時間おいたあと，同じ量の葉を2つの透明な袋（袋A，袋B）に入れ，密閉した。それぞれの二酸化炭素の割合（濃度）を気体検知管で測定したところ，2つの袋の中の二酸化炭素の割合は同じであった。そして，袋Aは日光があたる場所で，袋Bは暗い場所でそれぞれ3時間放置した（右図）。その後，それぞれの袋の中の二酸化炭素の割合を気体検知管で測定すると，①どちらの値も実験前とは異なっていた。ただし，2つの袋は光以外の条件は同じとする。

日光

袋A　　　　袋B

〔実験2〕　実験1のそれぞれの袋の葉をとり出し，熱湯につけたあと，②エタノールを使って葉の緑色をぬき，水で洗った。そして，その葉をヨウ素液にひたしたところ，③袋Aからとり出した葉は青紫色になったが，袋Bからとり出した葉は青紫色にはならなかった。

(1) 葉で，二酸化炭素などの気体が出入りする部分の名称を書きなさい。

(2) 下線部①について，次のア〜ウを二酸化炭素の割合が低い順に記号で書きなさい。また，二酸化炭素の割合が最も低い空気について，そのようになる理由を書きなさい。

　　ア　実験前の袋Aの中の空気　　イ　実験後の袋Aの中の空気　　ウ　実験後の袋Bの中の空気

(3) 下線部②について，葉の緑色をぬくために，エタノールを入れたビーカーをどのようにするのがよいか。最も適当なものを次のア〜エから選び，その記号を書きなさい。

　　ア　ガスバーナーで熱する。　　イ　熱湯につける。　　ウ　室温におく。　　エ　氷水につける。

(4) 下線部③について，袋Aからとり出した葉には何がつくられたと考えられるか。つくられた物質の名称を書きなさい。

(1)	(2) 記号	理由
(3)	(4)	

〔福　井〕

2 ［光合成のはたらき］　光合成の実験について，あとの問いに答えなさい。　（7点×5 − 35点）

〔実験〕（i）BTB 液に息をふきこんで緑色にする。

　　（ii）試験管A〜Cに，(i)のBTB 液を入れ，試験管A，Bにはオオカナダモを入れる。

　　（iii）試験管A〜Cにゴム栓をし，試験管Bはアルミニウムはくで完全におおう。

　　（iv）それぞれの試験管に十分に強い光をあて，一定時間ごとにBTB 液の色の変化を調べる。

　　実験の結果，BTB 液の色の変化は，試験管Aは□□□色，試験管Bは黄色，試験管Cは緑色のままであった。ただし，①試験管Bが黄色に変化するまでにかかった時間は，試験管Aの色が変化するまでの時間より長くかかった。

　　この結果を，（ X ）に注目して考察すると，試験管Aでは（ X ）が減少し，試験管Bでは（ X ）が増加したと考えられる。

　　水と（ X ）を材料にして，太陽の光のエネルギーを使い，②葉緑体で（ Y ）などの栄養分をつくるはたらきが光合成である。このとき，栄養分と同時に（ Z ）が発生する。

(1) 文中の [　　　] は何色ですか。

(2) 文中の空欄 X, Y, Z にはいる語句の組み合わせを，次の**ア～オ**から選び，記号で答えなさい。

	ア	イ	ウ	エ	オ
X	酸素	二酸化炭素	窒素	二酸化炭素	酸素
Y	ブドウ糖	タンパク質	脂肪	デンプン	デンプン
Z	二酸化炭素	窒素	酸素	酸素	窒素

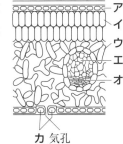

記述
(3) 下線部①で，試験管Bの色が黄色に変化するまでにかかる時間が，試験管Aの色が変化するまでの時間より長くかかるのはなぜか。「呼吸」「光合成」の2語を使って簡単に説明しなさい。

(4) 右の図はある種子植物の葉の断面図である。下線部②の葉緑体が存在する細胞を**ア～カ**からすべて選び，番号で答えなさい。

(5) Yは水に溶けやすい物質になって各部に運ばれるが，どの部分を通って運ばれるか。図の**ア～カ**より1つ選び，番号で答えなさい。

(1)	(2)	(3)
(4)		(5)

〔高知学芸高〕

---

3 [植物の葉のはたらき] 植物の葉のはたらきを調べるために，右の図の実験装置で条件の違う4通りの実験を行い，結果を表にまとめた。なお，いずれの実験でも，フラスコに息を十分にふきこんだあと，実験装置を3時間放置した。次の問いに答えなさい。

(7点×5－35点)

フラスコに十分に息をふきこむ

気体検知管

記述
(1) 酸素の気体検知管を使うとき，二酸化炭素用の気体検知管を使うときに比べて，特に注意しなければならないことは何か，書きなさい。

(2) 次の文は，実験1，3で，植物の葉を入れない実験を行った理由をまとめたものである。（①），（②）にあてはまる内容を書きなさい。

実験1と実験2を比べてわかることと，実験3と実験4を比べてわかることの両方から，フラスコを置く場所にかかわらず（ ① ）の変化が（ ② ）によることを確かめるため。

	実験の条件		実験前後での気体の割合の変化	
	フラスコを置く場所	フラスコに入れるもの	フラスコ内の酸素	フラスコ内の二酸化炭素
実験1	暗室	なし	変化なし	変化なし
実験2	暗室	植物の葉	減少	増加
実験3	日なた	なし	変化なし	変化なし
実験4	日なた	植物の葉	増加	減少

(3) 実験2で，気体の割合が実験の前後で変化したのは，何というはたらきによるか，書きなさい。

(4) 実験4での，植物の葉のはたらきの説明文として適切なものを，次の**ア～エ**から選びなさい。

ア 呼吸は行ったが，光合成は行わなかった。　**イ** 呼吸は行わなかったが，光合成は行った。
ウ 呼吸も光合成も行ったが，呼吸のほうがさかんだった。
エ 呼吸も光合成も行ったが，光合成のほうがさかんだった。

(1)				
(2)	①	②	(3)	(4)

〔兵庫－改〕

Step A　Step B　Step C-①

●時 間 40分	●得 点
●合格点 75点	点

解答▶別冊19ページ

1 右の図のア～エは，ある植物の葉の断面を部分（組織）ごとに分けて描いたものである。次の問いに答えなさい。　　　　　　　　　　　　　　　　　（5点×5－25点）

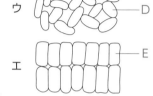

(1) 一般的に上側（葉の表側）から正しい順になるようにア～エを並べ，記号で答えなさい。

(2) A～Eの細胞のうち葉緑体を含むものをすべて選びなさい。

(3) ア～エのような組織が集まり葉ができている。①同じ組織をつくっている細胞の間にはどのような共通の特徴が見られるか。簡潔に15字ぐらいで述べなさい。また，②葉のように，いくつかの組織が集まり，ひとつのまとまったはたらきをするものを何というか，名称を答えなさい。

(4) 次のア～クから，組織にあたるものをすべて選びなさい。

ア　胃　　イ　心臓　　ウ　筋肉　　エ　神経
オ　目　　カ　柔毛　　キ　網膜　　ク　脳

(1)	(2)	(3) ①	②
(4)			

〔東大寺学園－改〕

2 次の実験について，あとの問いに答えなさい。　　　　　　　（4点×3－12点）

〔実験〕

(i) 無色，透明なポリエチレンの袋を4つ用意し，右の図のように，袋Aと袋Cには，新鮮なホウレンソウの葉を入れ，袋Bと袋Dには何も入れなかった。次に，袋Aと袋Bにはストローで息を吹きこみ，それぞれの袋をふくらませ，4つの袋を密封した。ただし，4つの袋の中の気体の量や温度の条件は，同じになるようにした。

(ii) 袋Aと袋Bを光が十分にあたるところに，袋Cと袋Dを光があたらない暗いところに，それぞれ3時間置いた。

(iii) ガラス管を使って，袋A～Dの中の気体をそれぞれ石灰水に通して，石灰水の変化を観察した。右の表は，実験の結果をまとめたものである。

ポリエチレンの袋　ホウレンソウの葉

袋	A	B	C	D
石灰水の変化	濁らなかった	白く濁った	白く濁った	濁らなかった

(1) 実験の(i)について，新鮮なホウレンソウの葉を入れた袋Aに対して，新鮮なホウレンソウの葉を入れない袋Bを用いるなど，1つの条件以外を同じにして行う実験を何というか。その用語を書きなさい。

(2) 実験の(i)，(ii)について，ホウレンソウの葉が呼吸を行っていることを確かめるために用いる2つの袋の組み合わせとして，最も適当なものを次のア～オから1つ選び，記号で答えなさい。

ア　袋Aと袋B　　イ　袋Aと袋C　　ウ　袋Aと袋D

エ　袋Bと袋C　　オ　袋Cと袋D

記述 (3) 実験の(ⅲ)について，袋Aの中の気体を，石灰水に通したところ，石灰水は濁らなかった。これは，袋Aの中の二酸化炭素が減少したからだと考えられる。二酸化炭素が減少するしくみを，「光合成」，「呼吸」という語句を用いて書きなさい。

(1)		(2)	
			〔新潟〕
(3)			

3 次の文を読んで，あとの問いに答えなさい。　　　　　　　　　　　　　　　　（7点×9－63点）

右の図は，ある植物の葉の断面図を示している。この植物は，光合成によって酸素をつくるが，呼吸によって酸素を消費し，二酸化炭素の排出も行う。吸収された酸素は，（ ａ ）という細胞内の器官で使われ，エネルギーをつくる。（ ａ ）がエネルギーをつくれないと，生命活動に必要なエネルギーが供給できなくなる。

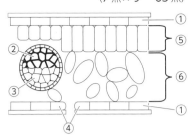

(1) 文章中の（ ａ ）にあてはまる語句を答えなさい。

(2) 図の①～④の名称を答えなさい。

(3) 図の①～⑥のうち，葉緑体を含む細胞が存在する部位をすべて選び，記号で答えなさい。

(4) 図の①の上にはクチクラというワックスなどを含む層がある。この層の役割として<u>まちがっているもの</u>を次のア～オから１つ選び，記号で答えなさい。

ア　雨などの水滴をはじく。

イ　葉の内部の乾燥を防ぐ。

ウ　葉の表面を固くし，細菌や病原菌の侵入を防ぐ。

エ　レンズのようにたくさん光を集めて光合成をする。

オ　葉の表面を固くし，丈夫にする。

(5) 気孔は蒸散を行うために必要な部分である。蒸散の役割として正しい文を次のア～オから２つ選び，記号で答えなさい。

ア　根から水を吸い上げるのを助ける。　　　イ　葉から水を吸収するのを助ける。

ウ　葉から二酸化炭素をたくさん吸収する。　　エ　植物のからだの温度を上げる。

オ　植物のからだの温度を下げる。

記述 (6) 図の断面図において，⑥の部分にはすき間がたくさんあり，⑤の部分は⑥と比較して細胞が整列している。なぜ，⑥の部分にはすき間がたくさんあるのか，理由を説明しなさい。

(1)		(2)	①	②	③	④
(3)		(4)	(5)			
(6)						

〔立命館高〕

15 食物の消化と吸収

Step A　Step B　Step C

解答▶別冊 19 ページ

1 草食動物・肉食動物・ヒトの歯のつくり

ウマ ① ② ③（発達）

ライオン（発達）

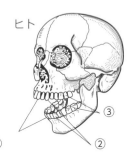
ヒト ③ ① ②

草食動物（①で草をかみ切る ③ですりつぶす）

肉食動物（②で獲物をしとめ ③で肉を切りさく）①

2 ヒトの消化器官（各器官名を書きなさい。）

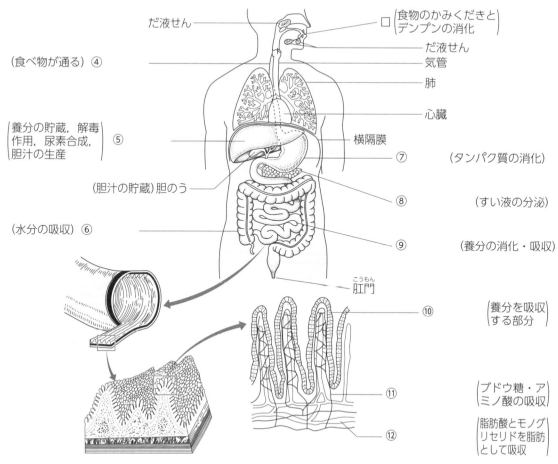

だ液せん
口（食物のかみくだきとデンプンの消化）
だ液せん
気管
肺
心臓
（食べ物が通る）④
（養分の貯蔵，解毒作用，尿素合成，胆汁の生産）⑤
横隔膜
⑦（タンパク質の消化）
（胆汁の貯蔵）胆のう
⑧（すい液の分泌）
（水分の吸収）⑥
⑨（養分の消化・吸収）
肛門
⑩（養分を吸収する部分）
⑪（ブドウ糖・アミノ酸の吸収）
⑫（脂肪酸とモノグリセリドを脂肪として吸収）

▶次の[　　]にあてはまる語句を入れなさい。

3 食物の中の養分

① 食物の中には，[⑬　　　]，[⑭　　　]，[⑮　　　]などの養分が含まれている。

[⑬]，[⑭]は，主に[⑯　　]のエネルギーを生み出すもとに，[⑮]は[⑰　　　]をつくるもととしても，エネルギーを生み出すもととしても使われる。

② 食物に含まれる成分には，炭水化物，[⑱　　　]，脂肪のような[⑲　　　]物や，[⑳　　　]，[㉑　　　]のような[㉒　　　]物がある。[⑳]は骨に多く含まれている。

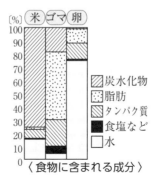
〈食物に含まれる成分〉

米 ゴマ 卵

炭水化物
脂肪
タンパク質
食塩など
水

4 消化のしくみとはたらき

① 食物に含まれている養分は，からだの中で化学的に分解され，血液にとりこむことができる小さな分子に変えられる。このはたらきを，[㉓　　　]という。

② 消化は，消化器官から分泌される消化液に含まれている[㉔　　　]のはたらきで行われる。

③ 消化酵素は，最終的にはデンプンを[㉕　　　]に，タンパク質を[㉖　　　]に，脂肪を脂肪酸と[㉗　　　]に分解し，吸収されやすい物質に変えるはたらきをする。

④ 食物は，口→食道→[㉘　　　]→[㉙　　　]→大腸の順に消化管を通り，これらをつくっている筋肉の運動で肛門まで送られる。

⑤ 消化器官には，多くの消化せんが開いていて，そこから消化器官の中に消化酵素を含んだ[㉚　　　]が出る。

⑥ ブドウ糖，アミノ酸，脂肪酸などの消化された養分は，小腸の内側にあるたくさんの[㉛　　　]の表面から吸収される。

ブドウ糖とアミノ酸は[㉜　　　]に入り，門脈という血管を通って[㉝　　　]にいき，さらにからだの各部へ運ばれる。

脂肪酸とモノグリセリドは，柔毛に吸収されると再び脂肪に合成されて[㉞　　　]に入り，各部へ運ばれる。

消化器官	口	胃	十二指腸	小腸	最終分解物
消化液	だ液	胃液	すい液		
デンプン	アミラーゼ 麦芽糖 ↓		↓	↓	→ ブドウ糖
タンパク質		ペプシン ↓	↓	↓	→ アミノ糖
脂肪			リパーゼ ↓		→ モノグリセリド 脂肪酸

⑬ _____
⑭ _____
⑮ _____
⑯ _____
⑰ _____
⑱ _____
⑲ _____
⑳ _____
㉑ _____
㉒ _____

㉓ _____
㉔ _____
㉕ _____
㉖ _____
㉗ _____
㉘ _____
㉙ _____
㉚ _____
㉛ _____
㉜ _____
㉝ _____
㉞ _____

第1章
第2章
第3章
第4章
総合実力テスト

1 [デンプンの消化]　次の文を読んで，あとの問いに答えなさい。　　　(6点×9－54点)

　　私たちが食物としてからだにとり入れているものの多くは，炭素を含む物質である。これら
は，主にデンプン(炭水化物)，タンパク質，脂肪からなっている。

　　このうちデンプンがどのように消化されるかを調べるために以下のような実験を行った。

〔実験〕

①2本の試験管Ａ・Ｂを用意し，Ａにはうすいデンプン溶液と水，Ｂにはうすいデンプン溶
　液とだ液を入れ，図のように約40℃の湯に入れた。

②10分後，図のように2枚のペトリ皿Ｃ・Ｄに湯を入れたものを用意し，セロハン膜に試
　験管Ａ・Ｂの溶液を入れて，それぞれつけた。

③さらに5分後，新たに4本の試験管Ｅ～Ｈを用意し，Ｅ・Ｆにはペトリ皿Ｃの湯，Ｇ・Ｈに
　はペトリ皿Ｄの湯をそれぞれ2つに分けて入れた。

④試験管Ｅ・Ｇにヨウ素液を加えたが，両方とも変化は見られなかった。

⑤試験管Ｆ・Ｈにベネジクト液を加えて加熱したところ，試験管Ｈだけが赤褐色に変化した。

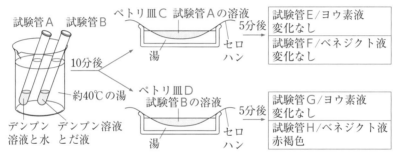

(1) 下線部のような炭素を含む物質のよび方を答えなさい。

(2) 物質が炭素を含んでいることを確かめる方法を答えなさい。

(3) だ液のように食物を消化するはたらきをもつものを消化液という。消化液の中に含まれていて，
　特定の物質を消化するもののよび方を答えなさい。

(4) 次の①～③の消化液(組織)が消化する物質と関係が深いものを，あとの**ア**～**ウ**からそれぞれ選
　び，記号で答えなさい。(ただし，答えは1つずつとは限らない。)

　〔消化液(組織)〕　①　胃　液　　②　小腸の壁　　③　すい液

　ア　デンプン　　**イ**　タンパク質　　**ウ**　脂　肪

(5) 実験①で湯の温度を約40℃に設定した理由を答えなさい。

(6) 実験⑤の結果から，デンプンは何に変化したことがわかるか。その物質の名称を答えなさい。

(7) 実験①～⑤の結果からわかることを，次の**ア**～**オ**からすべて選び，記号で答えなさい。

　ア　デンプンは，だ液によって分解される。

　イ　デンプンは，セロハン膜を通過できる。

　ウ　デンプンと，デンプンがだ液によって分解されたものは，同じ構造をしている。

　エ　デンプンは，デンプンがだ液によって分解されたものより大きい。

　オ　だ液は，約40℃で最もよくはたらく。

(1)		(2)				(3)	
(4)	①		②		③		
(5)						(6)	(7)

〔修道高－改〕

2 [動物の頭骨]　下の図は，いずれもセキツイ動物の中のホ乳類の頭骨である。この中で草食動物の頭骨はどれか，ア～エの記号を書きなさい。また，図を見て草食動物の特徴を簡単に説明しなさい。ただし，図の縮尺は同じではない。　　　　(3点×2－6点)

ア　　　　イ　　　　ウ　　　　エ

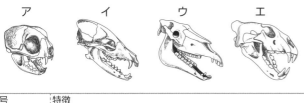

記号	特徴

〔長　崎〕

3 [消化と吸収]　右の図のA～Eはヒトの消化に関係する主な器官を，X～Zはそれに関係する血管を示したものである。次の問いに答えなさい。　　　　(4点×10－40点)

(1) 器官A～Eの名称を書きなさい。

(2) 炭水化物，タンパク質，脂肪の3つすべての消化に関係する消化液を分泌する器官はどれか。A～Eから1つ選び，記号で答えなさい。

(3) 消化酵素を含まない消化液を合成する器官はどれか。A～Eから1つ選び，記号で答えなさい。

(4) 消化酵素のはたらきについて正しく述べたものを，次のア～エから1つ選び，記号で答えなさい。

　　ア　1つの酵素がいろいろな物質にはたらく。

　　イ　物質にくりかえしはたらくことができる。

　　ウ　体外ではそのはたらきを失う。　　エ　温度に関係なくはたらくことができる。

(5) 消化された養分について正しく述べたものを，次のア～エから1つ選び，記号で答えなさい。

　　ア　脂肪酸は毛細血管に，モノグリセリドはリンパ管に吸収される。

　　イ　毛細血管に吸収されたアミノ酸は，柔毛にたくわえられる。

　　ウ　毛細血管に吸収されたブドウ糖は，血小板にとりこまれる。

　　エ　リンパ管に吸収された脂肪は，血液によって全身に運ばれる。

(6) 食後にブドウ糖を最も多く含む血液が流れている血管を，図のX～Zから1つ選び，記号で答えなさい。

(1)	A	B	C	D	E	(2)	
(3)		(4)		(5)		(6)	

〔青雲高〕

16 呼吸と血液循環

Step A ＞ Step B ＞ Step C

1 肺のつくり

解答▶別冊 20 ページ

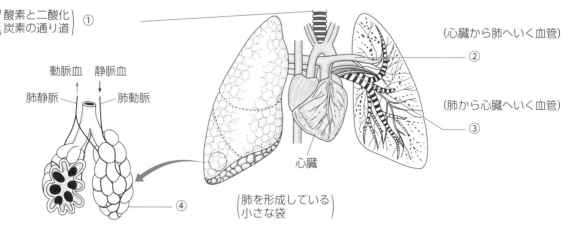

（酸素と二酸化炭素の通り道）①

（心臓から肺へいく血管）②

（肺から心臓へいく血管）③

動脈血　静脈血

肺静脈　肺動脈

心臓

（肺を形成している小さな袋）④

2 血液の成分

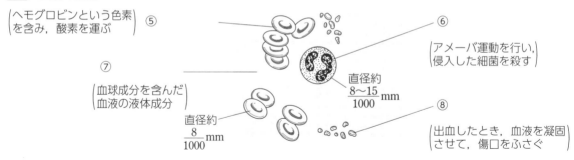

（ヘモグロビンという色素を含み，酸素を運ぶ）⑤

⑥（アメーバ運動を行い，侵入した細菌を殺す）

⑦ _____

（血球成分を含んだ血液の液体成分）

直径約 $\dfrac{8\sim15}{1000}$ mm

直径約 $\dfrac{8}{1000}$ mm

⑧（出血したとき，血液を凝固させて，傷口をふさぐ）

3 心臓のつくり

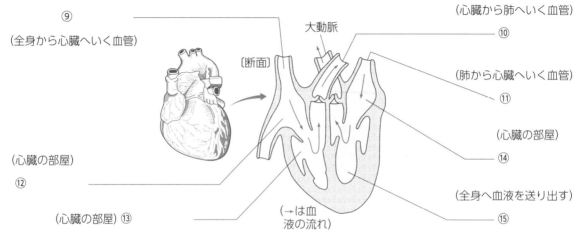

⑨（全身から心臓へいく血管）

大動脈

〔断面〕

（心臓から肺へいく血管）⑩

（肺から心臓へいく血管）⑪

（心臓の部屋）⑭

（心臓の部屋）⑫

（心臓の部屋）⑬

（→は血液の流れ）

（全身へ血液を送り出す）⑮

▶次の[　]にあてはまる語句を入れなさい。

4　呼吸のはたらき

① 外からとり入れた酸素は，気管を通り肺の[⑯　　　]で[⑯]をとり巻く毛細血管中の血液との間で二酸化炭素と交換される。このような呼吸を[⑰　　　]呼吸という。水中生活の生物は[⑱　　　]で呼吸を行う。

② 血液に入った酸素は[⑲　　　]中のヘモグロビンと結びつき，からだの組織へと運ばれ，毛細血管から血しょうが組織へ入り，[⑳　　　]になる。このとき血しょうといっしょに酸素，ブドウ糖などの養分が[⑳]に溶けこんでいる。組織の細胞は，ブドウ糖などの養分を酸素を使って，[㉑　　　]と水に分解し，生命活動のエネルギーをつくり出す。これが，細胞の行う呼吸であり，[㉒　　　]呼吸といわれる。[㉑]は毛細血管の血液に入り，肺の肺胞から外へ出される。

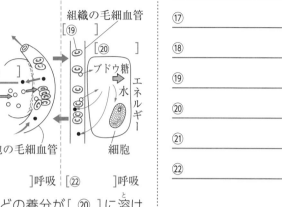

○酸素　●二酸化炭素
組織の毛細血管
[⑲]
[⑳]
ブドウ糖
水
エネルギー
[⑯]
外気
細胞
肺胞の毛細血管
[⑰]呼吸　[㉒]呼吸

5　心臓のはたらき

① 全身をめぐってきた血液は[㉓　　　]に入り，『右心室，[㉔　　　]を通って肺（肺胞）へ，肺で酸素を吸収した血液は[㉕　　　]を通って，再び心臓の左心房に入る。』（肺循環という）次に，『左心室へ送られ，[㉖　　　]を通り，全身へ運ばれ，再び心臓の[㉓]に入る。』（[㉗　　　]という）

（血管）　　（血管）
[㉔　　　]　[㉕　　　]
肺胞
肺循環
右心房　心　左心房
右心室　臓　左心室
大静脈　[㉗　　　]　大動脈
毛細血管

② 肺静脈，大動脈を流れる血液には酸素が多く含まれ，[㉘　　　]といわれる。また，大静脈や[㉙　　　]を流れる血液には，酸素が少なく，二酸化炭素が多く含まれ，[㉚　　　]といわれる。

③ 静脈には血液の逆流を防ぐ[㉛　　　]があるが，動脈には[㉛]はなく，血管の壁は静脈より[㉜　　　]く，弾力性がある。

6　不要物の排出

① アミノ酸を分解したときにできる[㉝　　　]は有害なので，血液によって肝臓に運ばれ，そこで比較的無害な[㉞　　　]につくり変えられる。

② 尿素は，尿の成分としてじん臓でこしとられ，排出される。また，血液中の無機物の濃度を一定に保つために，余分な[㉟　　　]や塩分なども尿として排出される。

⑯ ＿＿＿＿
⑰ ＿＿＿＿
⑱ ＿＿＿＿
⑲ ＿＿＿＿
⑳ ＿＿＿＿
㉑ ＿＿＿＿
㉒ ＿＿＿＿

㉓ ＿＿＿＿
㉔ ＿＿＿＿
㉕ ＿＿＿＿
㉖ ＿＿＿＿
㉗ ＿＿＿＿
㉘ ＿＿＿＿
㉙ ＿＿＿＿
㉚ ＿＿＿＿
㉛ ＿＿＿＿
㉜ ＿＿＿＿

㉝ ＿＿＿＿
㉞ ＿＿＿＿
㉟ ＿＿＿＿

第1章　第2章　第3章　第4章　総合実力テスト

Step A ▶ Step B ▶ Step C

●時　間 45分	●得　点
●合格点 75点	点

解答▶別冊 21 ページ

1 [肺のつくりとはたらき]　図1のような装置でヒトの肺の呼吸運動のしくみを調べた。糸を下に引くと容器内の風船はふくらみ，糸をもどすと風船はもとの状態にもどった。また，図2はヒトの肺やろっ骨などを，図3はヒトの肺胞とそのまわりの毛細血管における酸素，二酸化炭素の交換のようすをそれぞれ模式的に表したものである。これについて，次の(1)～(3)に答えなさい。　　　　(4点×6－24点)

(1) 図1のガラス管と風船は，それぞれ図2のどの部分に相当しますか。

(2) 図2で，ヒトが息を吸うときの横隔膜とろっ骨の動きはどうなるか，下の文の（　　　）に「上」，「下」のどちらかの語を書きなさい。

　　横隔膜が（①　　　）がり，ろっ骨は（②　　　）がる。

(3) 図3において，毛細血管Aは，肺動脈，肺静脈のいずれにつながる血管ですか。また，図中に○で表されている気体は何ですか。

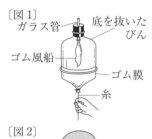
〔図1〕ガラス管／底を抜いたびん／ゴム風船／ゴム膜／糸

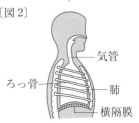
〔図2〕気管／ろっ骨／肺／横隔膜

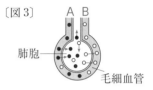
〔図3〕A B／肺胞／毛細血管

	ガラス管	風船		①	②
(1)			(2)		

	血管	気体
(3)		

〔大分－改〕

2 [心臓のつくりとはたらき]　右の図はヒトの心臓の断面を腹側から見た模式図であり，①～④はそれぞれ心臓につながる血管を示している。これについて，次の問いに答えなさい。　　　　(4点×12－48点)

(1) ヒトの心臓は図の**ア**と**ウ**と**イ**と**エ**の部分に分かれている。各部分で血液はどの方向に流れるか。**オ→カ**，**ク→ケ**のように示しなさい。

(2) 心臓から出た血液は，各部を流れ心臓にもどってくる。空欄に図中の番号①～④を入れなさい。

　　血液の流れ1　心臓→（　a　）→肺→（　b　）→心臓

　　血液の流れ2　心臓→（　c　）→からだの各部→（　d　）→心臓

(3) (2)の心臓から出て心臓にもどってくる血液の流れ2を何といいますか。

(4) (2)の血液の流れ1で，肺からもどってくる酸素の豊富な血液を何といいますか。

(5) 図の①の血管と③の血管にはつくりに違いがある。その違いを簡潔に説明しなさい。

(6) からだの中で，血液と血管・心臓をまとめて何とよびますか。

(7) 血液は，中央のくぼんだ円盤形の細胞であるAや，それとは異なる形の細胞であるBなどの成分と透明な液体の成分からできている。AとBの細胞のはたらきを簡潔に説明しなさい。

(1)			(2)	a	b	c	d	(3)		(4)	
(5)									(6)		
(7)	A				B						

〔大阪教育大附高（池田）－改〕

3 [心臓のはたらき] 図1は，からだの正面から見たヒトの心臓の断面
を模式的に表したものである。A～Dは，それぞれの心臓の部屋を示
しており，○の部分には，それぞれ血液の逆流を防ぐ弁がある。肺循
環において，心臓から出た血液は，肺を通ってBの部屋に入る。

〔図1〕

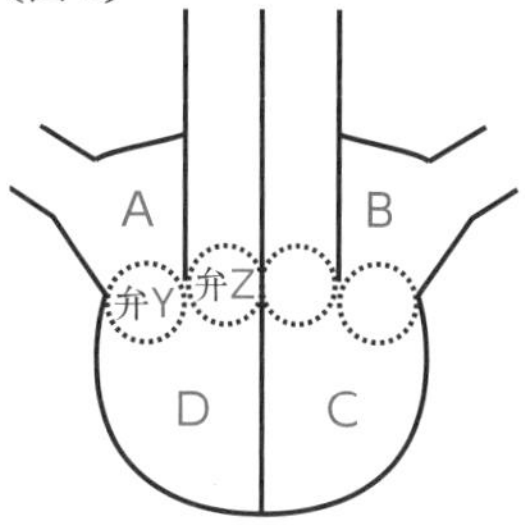

(5点×4－20点)

(1) 図1のBの部屋の名称として，適当なものを次の**ア～エ**から1つ選び，
記号で答えなさい。

ア 左心房 **イ** 左心室 **ウ** 右心房 **エ** 右心室

(2) 動脈血が流れる部屋の組み合わせとして，適当なものを次の**ア～エ**から1つ選び，記号で答え
なさい。

ア AとB **イ** AとD **ウ** BとC **エ** CとD

(3) 図2のe～hは，心臓の弁のようすを模式的に表したものである。図1の
Dの部屋が収縮し，血液が逆流せずに流れているときの弁Yと弁Zのそれ
ぞれのようすは，図2のe～hのどれにあたるか。弁Y，弁Zと，それぞ
れのようすを組み合わせたものとして，最も適当なものを次の**ア～エ**から
1つ選び，記号で答えなさい。

〔図2〕
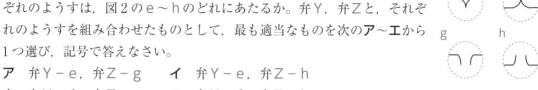

ア 弁Y－e，弁Z－g **イ** 弁Y－e，弁Z－h
ウ 弁Y－f，弁Z－g **エ** 弁Y－f，弁Z－h

記述 (4) 次の文の □ にあてはまる適当な言葉を，「栄養分」「毛細血管」「血しょう」の3つの言葉を
用いて，簡単に書きなさい。

　ヒトの細胞のまわりを満たす組織液は， □ からしみ出したものであり，細胞に栄養分を
運ぶ役割をもつ。

(1)	(2)	(3)

(4)

〔愛　媛〕

4 [ヒトのからだのつくり] 右の図は，ヒトの胸部の模式図であ
る。これについて，次の問いに答えなさい。 (4点×2－8点)

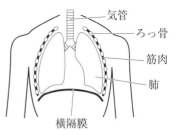

(1) 図について，肺がふくらむときのしくみとして最も適当なもの
を次の**ア～エ**から1つ選び，記号で答えなさい。

ア 筋肉のはたらきによってろっ骨は下がり，横隔膜は下がる。
イ 筋肉のはたらきによってろっ骨は下がり，横隔膜は上がる。
ウ 筋肉のはたらきによってろっ骨は上がり，横隔膜は下がる。
エ 筋肉のはたらきによってろっ骨は上がり，横隔膜は上がる。

記述 (2) 激しく運動したときは，呼吸の回数がふえる。これ以外に酸素や二酸化炭素の輸送を効率よく
行うために，何が起こるか答えなさい。

(1)	(2)

〔長　崎〕

17 刺激と反応

Step A 〉 Step B 〉 Step C 〉

解答▶別冊 21 ページ

1 目のつくり

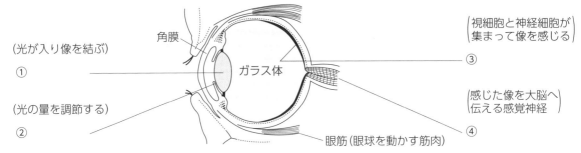

角膜

ガラス体

(光が入り像を結ぶ)
①

(光の量を調節する)
②

(視細胞と神経細胞が集まって像を感じる)
③

(感じた像を大脳へ伝える感覚神経)
④

眼筋(眼球を動かす筋肉)

2 耳のつくり

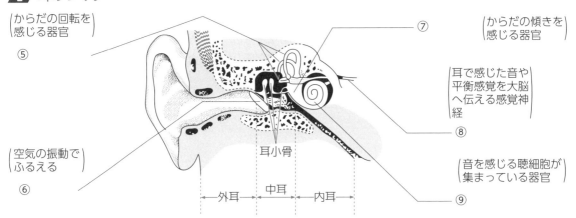

(からだの回転を感じる器官)
⑤

(空気の振動でふるえる)
⑥

⑦

耳小骨

外耳　中耳　内耳

(からだの傾きを感じる器官)

(耳で感じた音や平衡感覚を大脳へ伝える感覚神経)
⑧

(音を感じる聴細胞が集まっている器官)
⑨

3 刺激の伝達経路と反射

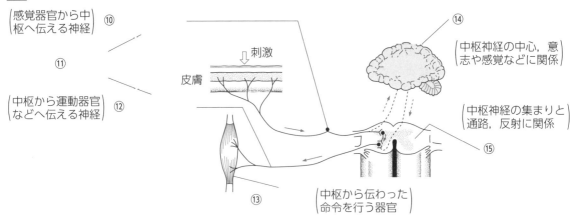

(感覚器官から中枢へ伝える神経) ⑩

⑪

(中枢から運動器官などへ伝える神経) ⑫

皮膚

↓刺激

⑭

(中枢神経の中心,意志や感覚などに関係)

(中枢神経の集まりと通路,反射に関係)
⑮

(中枢から伝わった命令を行う器官)
⑬

Step A

第1章
第2章
第3章
第4章
総合実力テスト

▶次の[　]にあてはまる語句を入れなさい。

4 刺激（しげき）を受けとるしくみ

① 生物をとり巻く環境（かんきょう）はさまざまな変化が起きている。生物はその変化を受けとるしくみである[⑯　　]をもっている。例えば，光は目，音や平衡感覚（へいこう）は耳，温度や圧力などの変化は[⑰　　]，においは[⑱　　]などである。

② 感覚器官は，[⑲　　]に反応する細胞である[⑳　　]と，それを伝えるしくみの[㉑　　]からなりたっている。

③ ヒトの感覚器官には，ほかに[㉒　　]がある。

嗅覚　鼻の断面図

神経
刺激を受けとる細胞のある場所

触覚　皮膚の断面図

圧力や振動を感じる部分
温度や痛みを感じる部分
さわられたと感じる部分

⑯ ＿＿＿＿＿
⑰ ＿＿＿＿＿
⑱ ＿＿＿＿＿
⑲ ＿＿＿＿＿
⑳ ＿＿＿＿＿
㉑ ＿＿＿＿＿
㉒ ＿＿＿＿＿

5 刺激の伝わるしくみと反応の起こるしくみ

① 受けとった刺激は，[㉓　　]の中にある[㉔　　]に伝えられ，頭の[㉕　　]や小脳に伝えられる。

② 伝えられた刺激は，大脳や小脳の中で判断され，命令となりせき髄（ずい）を通り，各器官の[㉖　　]や[㉗　　]などの[㉘　　]や分泌器官（ぶんぴつ）に伝えられ，さまざまな運動や反応となる。

③ 刺激は，感覚器官からせき髄や大脳へ[㉙　　]で伝えられる。また，大脳などで判断した命令は[㉚　　]で運動器官や分泌器官へ伝えられる。つくりやはたらきから[㉙]と[㉚]を末（まっ）しょう神経系とよび，大脳やせき髄は[㉛　　]神経系という。

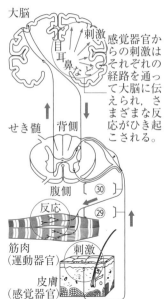
大脳
刺激
目耳鼻など
感覚器官からの刺激はそれぞれの経路を通って大脳に伝えられ，さまざまな反応がひき起こされる。
せき髄　背側
腹側　［㉚］
反応
［㉙］
筋肉（運動器官）
刺激
皮膚（感覚器官）

㉓ ＿＿＿＿＿
㉔ ＿＿＿＿＿
㉕ ＿＿＿＿＿
㉖ ＿＿＿＿＿
㉗ ＿＿＿＿＿
㉘ ＿＿＿＿＿
㉙ ＿＿＿＿＿
㉚ ＿＿＿＿＿
㉛ ＿＿＿＿＿

6 反射

ふつうの刺激に対する反応は，感覚器官からせき髄・大脳を経由して運動器官が動く。ところが，生物にとって生命にかかわる刺激に対しては，大脳の経路をとばしてすぐに運動器官へ伝えて反応する。この反応を[㉜　　]という。

せき髄　背側　皮膚
感覚神経
腹側
筋肉　運動神経

㉜ ＿＿＿＿＿

Step A　Step B　Step C

●時　間	35分	●得　点	
●合格点	75点		点

解答▶別冊22ページ

重要 **1** [刺激と反応]　刺激に対するヒトの反応について調べるために，次の実験を行った。あとの問いに答えなさい。

(8点×4−32点)

〔実験〕

(i) 右の図のように，14人が手をつないで輪になる。

(ii) ストップウォッチを持った最初の人が右手でストップウォッチをスタートさせると同時に，左手で隣の人の右手を握る。

(iii) 右手を握られた人は，さらに隣の人の右手を握り，次々に握っていく。その間に，最初の人はストップウォッチを左手に持ちかえておく。

(iv) ストップウォッチを持った最初の人は，最後に自分の右手が握られたときに，持ちかえた左手でストップウォッチをとめ，かかった時間を記録する。

(v) (i)〜(iv)を3回くり返し，結果を右の表のようにまとめた。

最初の人

ストップ
ウォッチ

調べた回数	実験結果〔秒〕
1回目	3.6
2回目	3.4
3回目	3.5

(1) 最初の人が隣の人の右手を握ってから最後に左手でストップウォッチをとめるまでの一連の動作を，「信号」が伝わる現象として捉えた場合，その「信号」が伝わる平均の速さは何m/sになるか。ただし，右手から左手までの1人あたりの「信号」が伝わる経路を1.5mとして求めなさい。

(2) (1)で求まる速さは，ヒトの末しょう神経(感覚神経や運動神経)を伝わる速さよりもおそくなる。その理由を説明した次の文中の空欄(X)，(Y)に入る言葉として最も適切な組み合わせはどれか。下の**ア〜エ**から1つ選び，記号で答えなさい。

(X)で，(Y)や命令を行うために時間を要するから。

ア　X−せき髄，Y−判断

イ　X−せき髄，Y−記憶

ウ　X−脳，Y−判断

エ　X−脳，Y−記憶

(3) 実験と同じ中枢神経で命令が行われている例を，次のA〜Dからすべて選び，記号で答えなさい。

A　自転車に乗っているとき，進行方向の信号機が赤になったので，手の自転車のブレーキを握った。

B　熱いやかんに手がふれたとき，意識せずにとっさに手を引っこめた。

C　明るい場所から暗い部屋へと移動すると，ひとみの大きさが変化した。

D　花の香りがとてもよい香りだったので，顔を近づけた。

(4) (3)のBについて，刺激や命令の信号の経路となったものはどれか。次の**ア〜ク**からすべて選び，伝わった順に記号で答えなさい。

ア　骨　**イ**　せき髄　**ウ**　皮　膚　**エ**　脳　**オ**　筋　肉

カ　関　節　**キ**　感覚神経　**ク**　運動神経

(1)	(2)	(3)	(4)

〔富　山〕

2 [目や耳のつくりとはたらき] 図1はヒトの目の断面を，図2はヒトの
耳のつくりの一部を模式的に表したものである。次の問いに答えなさい。

〔図1〕

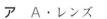

(8点×4 − 32点)

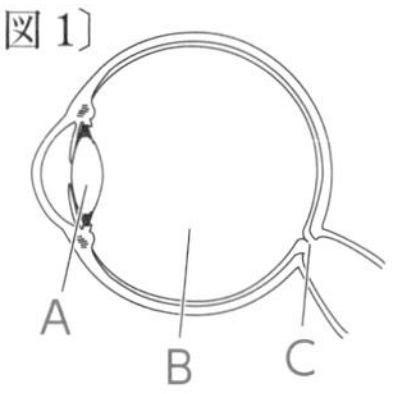

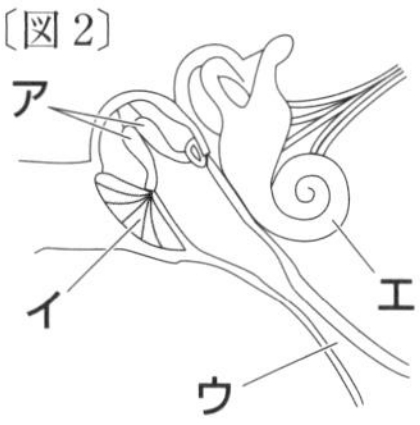

(1) 図1について，目に入った光の像ができる部分と，その部分の名称の組
み合わせとして最も適当なものを，次の**ア**〜**カ**から1つ選び，記号で答
えなさい。

ア A・レンズ **イ** A・網膜
ウ B・レンズ **エ** B・網膜
オ C・レンズ **カ** C・網膜

〔図2〕

(2) 音は空気の振動である。空気の振動をはじめに受けとるのはどこか。図
2の**ア**〜**エ**の中から1つ選び，記号で答えなさい。

記述

(3) 図3は，ある場所でのヒトのひとみのようすである。この場所よりも明るい場所に移動したと
きのひとみのようすとして適当なものを，次の**ア，イ**から1つ選び，記号で答えなさい。また，
ひとみの大きさがそのように変化する理由を書きなさい。

〔図3〕

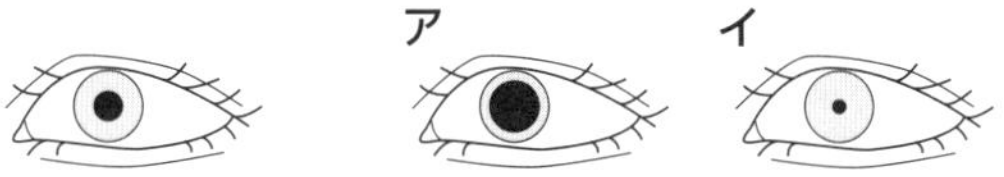

(1)	(2)	(3)	記号	理由

〔佐 賀〕

3 [刺激の伝わるしくみ] 次の問いに答えなさい。 (6点×6 − 36点)

(1) 図1は，メダカが人の姿を見て逃げるとき，人で反射した光がメダカに届いてから，からだの
中を刺激または命令が伝わる順を示したものである。図1の①〜④にあてはまる語を，下の**ア**
〜**エ**の中からそれぞれ1つずつ選び，記号で答えなさい。

〔図1〕 光がメダカに届く ➡

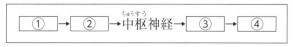

➡ 逃げる

ア 感覚器官
イ 運動器官
ウ 感覚神経
エ 運動神経

〔図2〕

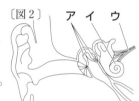

(2) 図2は，ヒトの耳を模式的に示したものである。図2の**ア**〜**ウ**の中で，
音を刺激として受けとる特別な細胞があるところはどれか。記号で答
えなさい。また，選んだところを何というか。その名称を書きなさい。

(1)	①	②	③	④	(2)	記号	名称

〔広 島〕

月 日

Step A 〉 Step B 〉 Step C-②

●時間 40分　●得点
●合格点 75点　　　点

解答▶別冊 22 ページ

1 心臓や血液に関して，次の問いに答えなさい。

(4点×6 − 24点)

(1) 右の図は，からだの正面から見たヒトの心臓のつくりを模式的に表したものである。図中のaの部分の名称として最も適当なものを，次のⅰ群**ア～エ**から1つ選びなさい。また，心臓での血液の流れる向きを表したものとして最も適当なものを，下のⅱ群**カ～ケ**から1つ選び，記号で答えなさい。

(ⅰ群)　**ア** 右心房　　**イ** 右心室　　**ウ** 左心房　　**エ** 左心室

(ⅱ群)　**カ**　　　　　**キ**　　　　　**ク**　　　　　**ケ**

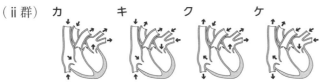

(2) ヒトの血液に関して述べた文として最も適当なものを，次の**ア～エ**から1つ選び，記号で答えなさい。

ア 血液の固形成分は，赤血球，白血球，血しょうである。

イ 血液の成分である白血球は，ヘモグロビンによって酸素を運搬する。

ウ 血液の成分である赤血球は，からだに侵入した細菌などをとらえたり分解したりする。

エ 血液の液体成分の一部が毛細血管からしみ出し，細胞のまわりを満たしたものを，組織液という。

(難) (3) 次の文章は，セキツイ動物の心臓のつくりについて述べたものの一部である。文章中の　X　，　Y　に入る語句を，それぞれ漢字2字で書きなさい。また，下線部トカゲの心臓のつくりを模式的に表したものとして最も適当なものを，あとの**ア～エ**から1つ選び，記号で答えなさい。ただし，**ア～エ**はそれぞれ，カエル，トカゲ，ハト，フナのいずれかの心臓のつくりを模式的に表したものである。

> さまざまなセキツイ動物で心臓のつくりを比較すると，心房や心室の数に違いが見られる。このため，心臓内では，肺で酸素をとり入れた　X　血と全身の細胞に酸素をわたしたあとの　Y　血の混じり合う程度が異なる。例えば，カエルの心臓のつくりでは，　X　血と　Y　血が混じり合う。トカゲの心臓のつくりでは，　X　血と　Y　血の一部が混じり合う。ハトの心臓のつくりでは，　X　血と　Y　血が混じり合わない。

ア　　　　**イ**　　　　**ウ**　　　　**エ**

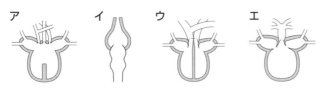

	ⅰ群	ⅱ群	(2)		X	Y	記号
(1)				(3)			

〔京 都〕

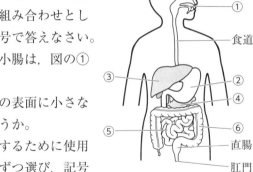

2 右の図はヒトの消化器官系を模式的に示したものである。次の問いに答えなさい。　(5点×8―40点)

(1) デンプンを分解するアミラーゼを分泌する器官の組み合わせとして最も適切なものを，図の①〜⑥から2つ選び，番号で答えなさい。

(2) タンパク質やデンプンなどの分解産物を吸収する小腸は，図の①〜⑥のどの部位か。番号で答えなさい。

(3) 小腸の内側の壁にはひだのような構造があり，その表面に小さな突起が多数ある。このような小さな突起を何というか。

(4) デンプンとデンプンが分解されてできた糖を検出するために使用する試薬の名称を，次の**ア〜ク**からそれぞれ1つずつ選び，記号で答えなさい。

ア ペプシン　　**イ** BTB液　　**ウ** 酢酸カーミン液　　**エ** 酢酸オルセイン液
オ ヨウ素液　　**カ** リトマス紙　　**キ** 塩酸　　**ク** ベネジクト液

(5) 体内で食物を分解する過程において，アンモニアが発生する。アンモニアは人体に有害であるため，図の①〜⑥中のいずれかの臓器で害の少ない物質に変換される。その臓器の番号および，臓器名を答えなさい。また，アンモニアからつくりかえられる物質の名称を漢字で答えなさい。

(1)		(2)	(3)		デンプン	糖
				(4)		

(5)	番号	臓器名	名称

〔立命館高〕

3 右の図はヒトの神経のつくりを模式的に示したものである。次の問いに答えなさい。　(4点×9―36点)

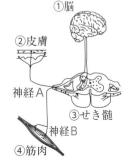

(1) 五感とは感覚器官を通して生じる5つの感覚である。触覚・きゅう覚・味覚以外の感覚を2つ答えなさい。

(2) 図の脳とせき髄をまとめて何といいますか。

(3) 図の神経A，Bの名称をそれぞれ答えなさい。

(4) 神経A，Bのように，からだのすみずみまでゆきわたっている神経を何といいますか。

(5) 次のⅠ〜Ⅲについて，刺激を受けてから反応が起こるまでの道筋を，図の①〜④を用いて示すとどのようになるか。下の**ア〜カ**から1つずつ選んで，記号で答えなさい。

Ⅰ　暑くなってきたので，上着を脱いだ。
Ⅱ　名案が浮かんだので，思わず手をたたいた。
Ⅲ　バラのとげに指がふれ，思わず手を引っこめた。

ア ②→③→①→③→②　　**イ** ②→③→①→③→④
ウ ④→③→①→③→④　　**エ** ②→③→④
オ ④→③→④　　　　　　**カ** ①→③→④

(1)		(2)		(3)	A	B
(4)		(5)	Ⅰ	Ⅱ	Ⅲ	

18 気象要素と気象観測

Step A　Step B　Step C

1 観測器械

解答▶別冊23ページ

①

② 　　　　　　　をはかる。

③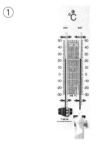

④ 　　　　　　　をはかる。

⑤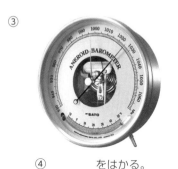

⑥ 　　　　と ⑦ 　　　　　　　をはかる。

2 乾湿計の読みとり

⑧

温度計

⑨

温度計

乾球の示度 ⑩ 　　　　　℃

湿球の示度 ⑪ 　　　　　℃

布　　水つぼ

湿球のほうの布から、たえず水が蒸発していて、温度が低い。

乾球と湿球との温度差が大きいほど、湿球からの蒸発量が多いので、湿度が低い。

乾球 〔℃〕	乾球一湿球〔℃〕			
	0.0	0.5	1.0	1.5
15	100	94	89	84
14	100	94	89	83
13	100	94	88	82
12	100	94	88	82

〈湿度表の一部〉

湿度表より、左の乾湿計の湿度は、⑫ 　　　　%と求められる。

3 さまざまな観測方法

⑬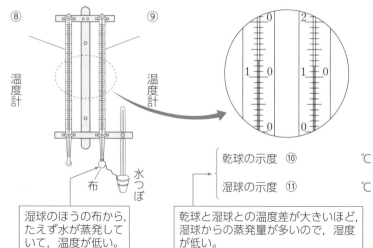

ひまわり

高層での観測

気象レーダー

国内、外国の気象台での地上や上空の観測

⑭ （地域気象観測システム）の観測装置

海上での観測

▶次の[　]にあてはまる語句や数値，記号を入れなさい。

4　気象の観測

① 空全体に対して，雲が占める割合を十分率で示したものを[⑮　　　]という。

② 雲量が1以下を[⑯　　　]，2〜8を晴れ，9以上を[⑰　　　]という。

③ 雲の種類

・かたまり状をしている雲→積乱雲，[⑱　　　]，高積雲，巻積雲など。

・層状をしている雲→乱層雲，[⑲　　　]，高層雲，巻層雲など。

④ 風向は風の吹いてくる方向で表し，[⑳　　　]方位で示す。

⑤ 風の強さは，[㉑　　　]で表し，0〜12の13階級がある。

〈風力記号〉

記号	ト	r	⸅	⸅	⸅	⸅	⸅	⸅	⸅	⸅	⸅	⸅	⸅
風力	0	1	2	3	4	5	6	7	8	9	10	11	12

⑥ 乾湿計では，乾球と湿球の温度差が大きいほど，湿球からの水の蒸発量が多いことを示し，湿度が[㉒　　　]ことになる。

5　天気の記号

① 右の天気記号は，[㉓　　　]の風，風力[㉔　　　]，天気[㉕　　　]を表している。

② その他の天気記号で

○は[㉖　　　]を表し，

●は[㉗　　　]を表す。

また，雪を表す天気記号は，[㉘　　　]である。

6　実際の観測

① 晴れの日と雨の日とで，1日の気温と湿度の変化に，どのような特徴があるか調べるため，[㉜　　　]を準備した。

② 右の図は観測結果をグラフにしたものであるが，この結果から，雨の日の気温は低くて変化が[㉝　　　]ことがわかる。

③ 晴れの日では，気温が上がると湿度が[㉞　　　]ことがわかる。

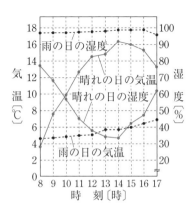

⑮ ＿＿＿＿＿＿＿

⑯ ＿＿＿＿＿＿＿

⑰ ＿＿＿＿＿＿＿

⑱ ＿＿＿＿＿＿＿

⑲ ＿＿＿＿＿＿＿

⑳ ＿＿＿＿＿＿＿

㉑ ＿＿＿＿＿＿＿

㉒ ＿＿＿＿＿＿＿

㉓ ＿＿＿＿＿＿＿

㉔ ＿＿＿＿＿＿＿

㉕ ＿＿＿＿＿＿＿

㉖ ＿＿＿＿＿＿＿

㉗ ＿＿＿＿＿＿＿

㉘ ＿＿＿＿＿＿＿

㉙ ＿＿＿＿＿＿＿

㉚ ＿＿＿＿＿＿＿

㉛ ＿＿＿＿＿＿＿

㉜ ＿＿＿＿＿＿＿

㉝ ＿＿＿＿＿＿＿

㉞ ＿＿＿＿＿＿＿

Step A 〉 Step **B** 〉 Step C

●時 間 35分	●得 点
●合格点 75点	点

解答▶別冊 23 ページ

1 [気象観測]　ある日の午前 11 時に学校で，天気，風向，風力を調べた。右
の図は，その結果を天気図に使う記号で表したものである。また，この日の
午前 11 時に学校で，乾湿計（かんしつ）を用いて，乾球温度計の示す温度と，湿球温度
計の示す温度を読みとった。表 1 は，その結果をまとめたものである。次の
問いに答えなさい。　　　　　　　　　　　　　　　　　　　　(5 点× 4 － 20 点)

〔表 1〕

乾球温度計 の示す温度	湿球温度計 の示す温度
10.0℃	6.0℃

(1) この日の午前 11 時に学校で調べた天気と風向は何か，それぞれ書きな
さい。

(2) 乾湿計を用いて測定する際に，どのような場所で測定するべきか，次の**ア**～**エ**から最も適当な
ものを 1 つ選び，記号で答えなさい。

　　ア　地面付近の高さで，風の通りにくい日かげで測定する。

　　イ　地面付近の高さで，風通しのよい日かげで測定する。

　　ウ　地上約 1.5 m の高さで，風の通りにくい日かげで測定
する。

　　エ　地上約 1.5 m の高さで，風通しのよい日かげで測定す
る。

〔表 2〕

乾球温度 計の示す 温度〔℃〕	乾球温度計の示す温度と湿球温度計 の示す温度の差〔℃〕					
	3.5	4.0	4.5	5.0	5.5	6.0
11	57	52	46	40	35	29
10	56	50	44	38	32	27
9	54	48	42	36	30	24
8	52	46	39	33	27	20
7	50	43	37	30	23	17
6	48	41	34	27	20	13

(3) 表 2 は，湿度表の一部を示したものである。この日の午
前 11 時の学校での湿度は何％か，求めなさい。

(1)	天気	風向	(2)	(3)

〔三　重〕

2 [気温と湿度]　空気中の湿度をはかるため乾湿計を調べた結果，一方は 22.0℃，他方は 18.5℃
を示していた。これについて次の問いに答えなさい。　　　　　　　　　　(5 点× 4 － 20 点)

(1) 18.5℃を示しているのは，乾球，湿球のいずれの温度計ですか。

(2) 右の湿度表を使って，このときの湿度を求めなさい。

(3) 乾球温度計が湿球温度計と示度が同じになるのはどのような
ときか。次の**ア**～**エ**から 1 つ選び，記号で答えなさい。

　　ア　湿度が 100％のとき　　**イ**　湿度が 50％のとき

　　ウ　気温が 0℃のとき　　　　**エ**　気温が 20℃のとき

乾球の 示度	乾球－湿球の値〔℃〕				
	2.0	2.5	3.0	3.5	4.0
25℃	84	80	76	72	68
24℃	83	79	75	71	68
23℃	83	79	75	71	67
22℃	82	78	74	70	66
21℃	82	77	73	69	65

(4) 気温と湿度について述べた次の**ア**～**エ**の文章で誤っているものはどれか。次の**ア**～**エ**から 1 つ
選び，記号で答えなさい。

　　ア　晴れた日では，気温が上がると湿度が下がり，気温が下がると湿度が上がる。

　　イ　雨やくもりの日の気温や湿度は変化が小さい。

　　ウ　晴れた日の気温と湿度の関係は比例関係にある。

　　エ　一般（いっぱん）に蒸（む）し暑い日は，気温も湿度も高い。

(1)	(2)	(3)	(4)

88

3 [気温と湿度] 右のグラフを見て、次の問いに答えなさい。 (5点×4－20点)

(1) 気温が急に下がり始めたのは、何曜日の何時ごろからですか。

(2) 気温が急に下がったとき、天気はどうなりましたか。

(3) グラフから読みとれることで正しいものを、次のア～エから1つ選び、記号で答えなさい。

　ア　湿度が高いと気温も平均して高い。

　イ　天気がよいと湿度が高くなる。

　ウ　気温が下がったときは、北よりの風が吹いてくる。

　エ　気温の変化に湿度の変化が比例している。

(4) 日曜日12時における雲量を次のア～オより選び、記号で答えなさい。

　ア　1　　イ　4　　ウ　6　　エ　8　　オ　9

(1)		(2)		(3)	(4)

4 [湿度・風向・天気]　図1は、新潟市におけるある年の4月18日から21日までの4日間の気象観測の結果をまとめたものであり、図2は、この4日間のある日に、新潟市内で観測を行ったときの、乾湿計の乾球と湿球の示度を表したものである。これらをもとに、次の問いに答えなさい。 (8点×5－40点)

(1) 図2で、湿球はA、Bのどちらか。

(2) 図2を観測した日の湿度は何%か。下の表をもとにして求めなさい。

(3) 図2を観測した日は、4月何日の何時か、次のア～エから選び、記号で答えなさい。

　ア　18日15時　　イ　19日8時

　ウ　20日12時　　エ　21日18時

(4) 4月20日における、新潟市の風向は西で風力は3、天気は雨であった。これを天気の記号を使って図3に描きなさい。

(5) (4)を観測した時刻に、よくなびくビニルひもを割りばしにとりつけ垂直に立てると、ビニルひもはどの方位にたなびくか。次のア～エから選び、記号で答えなさい。

　ア　東　　イ　西

　ウ　北　　エ　南

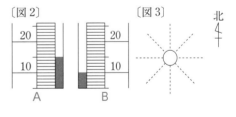

乾球の示度 [℃]	乾球と湿球の示度の差〔℃〕					
	2.5	3.0	3.5	4.0	4.5	5.0
15	73	68	63	58	53	48
14	72	67	62	57	51	46
13	71	66	60	55	50	45
12	70	65	59	53	48	43
11	69	63	57	52	46	40
10	68	62	56	50	44	38

(1)	(2)	(3)	(4)（図に記入）	(5)

〔新潟－改〕

19 圧力と大気圧

Step A 〉 Step B 〉 Step C

解答▶別冊 24 ページ

■ 面をへこませるはたらき (圧力)

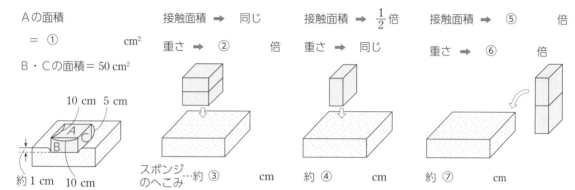

Aの面積
= ①　　　cm²

B・Cの面積 = 50 cm²

接触面積 ➡ 同じ

重さ ➡ ②　　倍

スポンジ…約 ③　　cm
のへこみ

接触面積 ➡ $\frac{1}{2}$ 倍

重さ ➡ 同じ

約 ④　　cm

接触面積 ➡ ⑤　　倍

重さ ➡ ⑥　　倍

約 ⑦　　cm

2 空気の圧力 (大気圧)

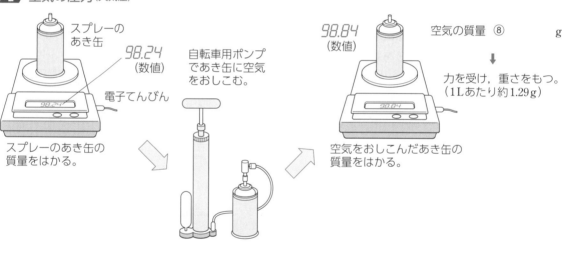

98.24 (数値)

電子てんびん

スプレーの
あき缶

スプレーのあき缶の
質量をはかる。

自転車用ポンプ
であき缶に空気
をおしこむ。

98.84 (数値)

空気をおしこんだあき缶の
質量をはかる。

空気の質量 ⑧　　g
↓
力を受け，重さをもつ。
(1Lあたり約1.29g)

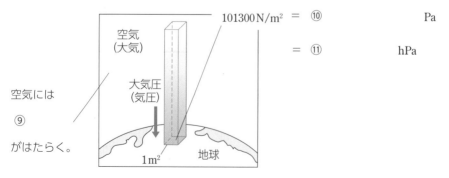

空気
(大気)

大気圧
(気圧)

空気には
⑨
がはたらく。

1m²　地球

101300 N/m² ＝ ⑩　　Pa

＝ ⑪　　hPa

▶次の[　　]にあてはまる語句や数値を入れなさい。

3 圧 力

1 [⑫　　　]面積あたりの面に，垂直に加わる力を圧力という。

2 圧力＝$\dfrac{面を垂直に[⑬　　　　]}{力を受ける[⑭　　　　]}$で表される。

3 加える力の大きさの単位がNで，力を受ける面積の単位が m^2 のとき，圧力の単位は[⑮　　　]となる。

4 物体の重さが2倍になると，圧力は[⑯　　　]になる。

5 力を受ける面積が2倍になると，圧力は[⑰　　　]倍になる。

6 圧力は，はたらく力の大きさに[⑱　　　]し，力を受ける面積に[⑲　　　]する。

7 図1のような，重さ 0.5 N の直方体の底面の圧力は，[⑳　　　] N/m^2 である。

8 7の場合での底面の全圧力の大きさは[㉑　　　]である。

〔図1〕
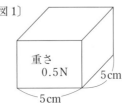
重さ
0.5N
5cm
5cm

4 大 気 圧

1 地球上の物体はすべて[㉒　　　]による圧力を受ける。この圧力を[㉓　　　]といい，これは，空気にはたらく[㉔　　　]が原因で生じる。

2 空気は上空にいくほど[㉕　　　]なるので，大気圧は上空にいくほど[㉖　　　]なる。

3 図2のようにコップの中の水をストローで吸い上げた。

・このとき，ストローの内部の圧力と大気圧は，[㉗　　　]のほうが大きくなる。

・水が吸い上げられる原因は，口の中の[㉘　　　]の圧力と[㉙　　　]との差が生じるためである。また，この大気圧は[㉚　　　]向きにはたらく。

〔図2〕

5 大気圧によって起こる現象

1 図3のようにコップに水を入れ，厚紙で蓋をして逆さにしても水は[㉛　　　]。

2 密閉された袋を持って山にのぼると，山の上のほうが大気圧が[㉜　　　]ので，袋が[㉝　　　]。

〔図3〕
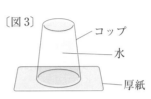
コップ
水
厚紙

⑫ _____

⑬ _____

⑭ _____

⑮ _____

⑯ _____

⑰ _____

⑱ _____

⑲ _____

⑳ _____

㉑ _____

㉒ _____

㉓ _____

㉔ _____

㉕ _____

㉖ _____

㉗ _____

㉘ _____

㉙ _____

㉚ _____

㉛ _____

㉜ _____

㉝ _____

Step A ▶ Step B ▶ Step C

●時 間 35分	●得 点
●合格点 75点	点

解答▶別冊24ページ

1 [大気の圧力]　次の問いに答えなさい。ただし，アルミニウムの質量は1cm³あたり2.7gとし，1Nは100gの物体にはたらく重力の大きさに等しいとする。　　　　　　　(7点×6－42点)

(1) 図1のように，アルミニウムでできた直方体の物体が，水平な床の上に置かれている。

　　①この物体にはたらく重力の大きさは何Nですか。

　　②床からこの物体にはたらく力の名称を，漢字2字で答えなさい。

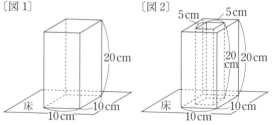

(2) 図2のように，図1の物体の中心部分から，縦5cm，横5cm，高さ20cmの直方体をくり抜いた物体が，水平な床の上に置かれている。床がこの物体から受ける圧力の大きさは何Paですか。ただし，1Pa=1N/m²である。

(3) 図3のように，ペットボトルにお湯を入れ，口から湯気が出るのを確認してからお湯を捨て，すぐにキャップを閉めた。しばらくすると，ペットボトルはつぶれてしまった。次の文の(　　)に適語を入れ，この現象を説明した文を完成しなさい。

　　〔ペットボトル内の水蒸気が冷え，状態が変化して(①　　　)に変わり，ペットボトル内の圧力が(②　　　)なり，(③　　　)によっておしつぶされた。〕

(1)	①	②	(2)	(3)	①	②	③

〔長崎－改〕

2 [大気の圧力]　図のように，正方形の断面をもつペットボトルを2本準備し，栓をしたものをA，栓をしていないものをBとする。これらの上に板を置き，その上から1個の質量10kgのおもりを順にのせ，板がA，Bの中に沈んだ距離を測定した。表は，その結果を示したものである。次の問いに答えなさい。

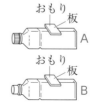

おもりの数	板が沈んだ距離〔cm〕	
	A	B
1個	1.0	1.5
2個	1.7	2.3
3個	2.3	3.1
4個	2.7	3.8
5個	3.1	4.5

(7点×3－21点)

(1) この実験で，おもり1個にはたらく重力の大きさを単位をつけて書きなさい。

(2) Aにおもりを5個のせたとき，Aと接している面がおもりから受ける圧力を単位をつけて答えなさい。ただし，板の質量はなく，底面は水平でAと接している面の面積は0.002m²とする。

(3) 実験の結果，おもりの数が同じ場合，板が沈んだ距離はBよりAのほうが小さくなっている。その理由を次のア～エから1つ選び，記号で答えなさい。

　　ア　BよりAにかかる大気の圧力が大きくなるから。

　　イ　BよりAにかかる大気の圧力が小さくなるから。

　　ウ　BよりAの内部の空気の圧力が大きくなるから。

　　エ　BよりAの内部の空気の圧力が小さくなるから。

(1)	(2)	(3)

〔滋賀－改〕

3 [圧　力]　次の実験について，あとの問いに答えなさい。

(8点×2 − 16点)

〔実験〕　図1のように，1L（1000mL）の水を入れたペットボトルを逆さにして，図2の面積の異なる板A〜Cにのせ，スポンジの上に置いてものさしでへこみ具合を測定する。ただし，100mLの水にはたらく重力の大きさは1Nとし，ペットボトルの重さは無視できるものとする。

〔図1〕

ものさし
ペットボトル
スポンジ　板
スタンド

(1) スポンジのへこんだ深さが最も大きいものは，どの板の上にペットボトルをのせたときか。最も適当なものを図2のA〜Cから選び，記号で答えなさい。

(2) スポンジにはたらく圧力とへこみの深さが比例関係にあるとき，ペットボトルを板Cにのせたときのへこんだ深さは，板Bにのせたときのへこんだ深さの何倍か答えなさい。

〔図2〕

A
B
C

板の面積　板の面積　板の面積
100 cm²　50 cm²　25 cm²

(1)		(2)

〔沖　縄〕

4 [圧　力]　AさんとBさんがあしの裏側に加わる圧力を調べるために，次の実験を行った。あとの問いに答えなさい。(7点×3 − 21点)

〔実験1〕　図1のように水平な床の上に置いた体重計にのり，体重を測定した。

〔実験2〕　両あしの裏側の面積を求めるために，画用紙の上に両あしをのせ，図2のようにかき，画用紙から両あしの裏の形を切りとり，その切りとった画用紙の質量を，電子てんびんで測定した。また，画用紙から面積0.01m²を切りとり，その画用紙の質量を電子てんびんで測定したところ2.00gであった。

〔図1〕　〔図2〕

実験1と実験2の結果を表にまとめた。ただし，体重計と接している部分のあしの裏の面積は，あしの形に切りとった画用紙と同じであり，画用紙の厚みは一様なものとする。

(1) 体重計に両あしでのっている状態から，片あしをあげた。体重計の示す値と体重計にのっているあしの裏側に加わる圧力について述べたもので，正しいものはどれか。次のア〜エから1つ選び，記号で答えなさい。

〔表〕	Aさん	Bさん
体　重　〔N〕	400	380
両あしの裏の形に切りとった画用紙の質量〔g〕	6.40	5.20

ア　体重計の値は変わらないが，あしの裏側にかかる圧力は小さくなる。

イ　体重計の値は変わらないが，あしの裏側にかかる圧力は大きくなる。

ウ　体重計の値は小さくなるが，あしの裏側にかかる圧力は変わらない。

エ　体重計の値は大きくなるが，あしの裏側にかかる圧力は変わらない。

(2) 表の結果から，Aさんの両あしの面積は何m²になるか求めなさい。

(3) BさんがAさんを背負った。このとき，Bさんの両あしの裏側に加わる平均の圧力は何N/m²ですか。

(1)	(2)	(3)

20 霧や雲の発生

Step A 〉 Step B 〉 Step C

1 大気中の水蒸気の量と気温

解答▶別冊 25 ページ

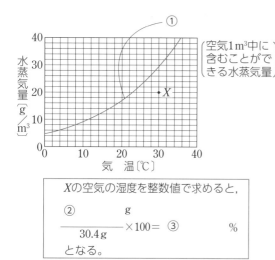

X の空気の湿度を整数値で求めると,

$$\frac{②g}{30.4\,g} \times 100 = ③\%$$

となる。

空気 1 m³ 中に含むことのできる水蒸気量〔g〕

気温〔℃〕	水蒸気量
0	4.8
4	6.4
8	8.3
10	9.4
14	12.1
16	13.6
18	15.4
20	17.3
22	19.4
24	21.8
26	24.4
30	30.4

ピストンを引くとフラスコ内の空気の温度が下がり,

④

。

ピストンをおすとフラスコ内の空気の温度が上がり,

⑤

。

2 雲のでき方

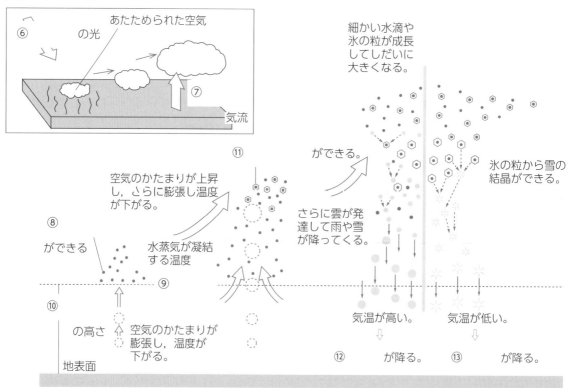

▶次の[　　]にあてはまる語句や数値を入れなさい。

3　空気中の水蒸気量

① 空気 1 m³ 中に含むことのできる水蒸気量の最大の量を[⑭　　　]という。

② 空気 1 m³ 中に含むことができる水蒸気の量は，気温が[⑮　　　]ほどふえる。

③ 水蒸気を含んだ空気が冷えると，ある温度で飽和(ほうわ)に達する。このときの温度を[⑯　　　]という。この温度以下になると[⑰　　　]ができ始める。

④ 露点(ろてん)が 18℃の空気 1 m³ には，18℃での[⑱　　　]の 15.4 g の水蒸気を含んでいることになる。

⑤ 湿度(しつど)[%] = $\dfrac{\text{空気 1 m}^3\text{ 中に含まれている水蒸気の量〔g〕}}{\text{そのときの気温での[⑲　　　　]〔g〕}} \times 100$

⑭ _____

⑮ _____

⑯ _____

⑰ _____

⑱ _____

⑲ _____

4　雲のでき方

① 上空に行くほど周囲の気圧は，[⑳　　　]なる。

② このため，上昇(じょうしょう)する空気はしだいに膨張(ぼうちょう)し，温度は[㉑　　　]。

③ その結果，水蒸気を含んだ空気の温度は[㉒　　　]に達し，水蒸気は水滴(すいてき)となり，雲ができる。

④ さらに上昇すると気温もさらに下がり，水滴がふえたり，[㉓　　　]の粒(つぶ)ができたりして，雲は成長していく。

⑤ 地表付近の空気が冷やされ[㉔　　　]に達し，水蒸気が凝結(ぎょうけつ)して，小さな水滴となり空気中に浮(う)かんでいるのが[㉕　　　]である。

⑳ _____

㉑ _____

㉒ _____

㉓ _____

㉔ _____

㉕ _____

5　雲のつくり方

① 図のようにして雲をつくるとき，フラスコの内部を[㉖　　　]，ピストンを急に[㉗　　　]と白くくもる。

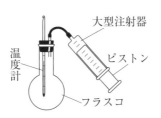

大型注射器
ピストン
温度計
フラスコ

② 白くくもるのは，ピストンを引くとフラスコ内の気圧が[㉘　　　]，空気が[㉙　　　]して，温度が[㉚　　　]からである。

③ 水蒸気を含んでいる空気が冷えると，ある温度で[㉛　　　]に達し，それ以下に温度が下がると水滴ができ始める。このときの温度を[㉜　　　]という。

④ 気温 17℃で湿度 80%の空気がある。この空気を冷やして 10℃まで温度を下げたときにできる空気 1 m³ あたりの水滴の量は，[㉝　　　] g である。ただし，気温が 17℃，10℃の飽和水蒸気量をそれぞれ 14.5 g/m³，9.4 g/m³ とする。

㉖ _____

㉗ _____

㉘ _____

㉙ _____

㉚ _____

㉛ _____

㉜ _____

㉝ _____

Step A ▶ Step B ▶ Step C

●時 間 40分　●得 点
●合格点 75点　　　　　点

解答▶別冊 25 ページ

1 [雲のでき方]　次の問いに答えなさい。　　　　　　　　　　　　　　　（5点×8 − 40点）

(1) 次の文は，大気とそこに含（ふく）まれる水による現象についてのものである。（　　）の中に，適語や
式・数を記入しなさい。

　　地球上の水の総量の 96 ％は（　①　）で，大気中の水の量は全体の 0.0001 ％といわれてい
る。しかしこの水の果たす役割は実に大きい。一定体積の空気中に含むことのできる水蒸気量
は，その空気の温度によって決まっており，飽和（ほうわ）水蒸気量（単位は②）という。また空気中の水
蒸気が凝結（ぎょうけつ）し始めるときの気温を（　③　）という。空気の湿（しめ）り気（け）のことを湿度（しつど）といい，気温と
（　③　）が同じとき湿度は（　④　）である。大気中の水蒸気が空気中に浮（う）かぶ（　⑤　）を核（かく）に
して凝結したときに雲ができる。雲ができる原因はおもに（　⑥　）気流である。雲はできる高
さや形により（　⑦　）種類に分類されている。

📝(2) 温度計，銀のコップ，氷，水，かくはん棒を使って教室の空気の露点（ろてん）を調べたい。方法を考え
て書きなさい。

(1)	①	②	③	④	⑤	⑥	⑦
(2)							

〔大阪教育大附高（池田）〕

2 [雲の発生]　雲のでき方について調べるために，右の図の実験装
置を用いて，フラスコの内側をぬるま湯でぬらし，線香（けむり）の煙を少
し入れて実験を行った。ピストンを引くと，フラスコ内の空気は
膨張（ぼうちょう）して，フラスコ内が白くくもった。フラスコ内の空気の温
度を測定すると，ピストンを引く前は 18.0℃で，引いたあとは
17.3℃であった。次の問いに答えなさい。　　（7点×3 − 21点）

ピストン

デジタル
温度計

内側をぬるま湯でぬらし，線香
の煙を少し入れたフラスコ

(1) ピストンを引くと，フラスコ内が白くくもったことから，フラス
コ内の水が状態変化したことがわかる。白くくもったときの水の状態変化として，正しいもの
はどれか，次のア～エから最も適当なものを 1 つ選び，記号で答えなさい。

　　ア　気体から液体　　　イ　液体から気体　　　ウ　液体から固体　　　エ　固体から液体

(2) 次の文は，フラスコ内が白くくもったこととフラスコ内の空気の温度変化についてまとめたも
のである。文中の　X　に入る最も適当な言葉は何か，書きなさい。

　　フラスコ内が白くくもったのは，フラスコ内の空気の温度が　X　より低くなったからであ
る。フラスコ内の空気の　X　は，18.0℃より低く，17.3℃より高かったといえる。

📝(3) 大気中では，地表付近の空気のかたまりは上空にいくほど膨張する。その理由を，「地表付近
に比べて，上空は」に続けて，簡単に書きなさい。

(1)	(2)	(3) 地表付近に比べて，上空は

〔三　重〕

3 [水蒸気量] 実験室の湿度について調べるために，次の実験を行った。これについて，あとの問いに答えなさい。ただし，下の表は気温ごとの飽和水蒸気量を示している。また，コップの水温とコップに接している空気の温度は等しいものとし，実験室内の湿度は均一で，実験室内の空気の体積は $200\,\mathrm{m^3}$ であるものとする。 (7点×3 − 21点)

〔実験〕

(i) ある日，気温 20℃ の実験室で，金属製のコップに，くみおきした水を 3 分の 1 くらい入れ，水温を測定したところ，実験室の気温と同じであった。

(ii) 右の図のように，ビーカーに入れた 0℃ の氷水を，(i)の金属製のコップに少し加え，ガラス棒でかき混ぜて，水温を下げる操作を行った。この操作をくり返し，コップの表面に水滴がかすかにつき始めたとき，水温を測定したところ，4℃ であった。

気温〔℃〕	0	2	4	6	8	10	12	14	16	18	20	22	24
飽和水蒸気量〔g/m³〕	4.8	5.6	6.4	7.3	8.3	9.4	10.7	12.1	13.6	15.4	17.3	19.4	21.8

重要 (1) この実験室の湿度は何％か。小数第 1 位を四捨五入して求めなさい。

(2) この実験室内の空気中に含まれる水蒸気量は何 g か，求めなさい。

難 (3) この実験室で，水を水蒸気に変えて放出する加湿器を運転したところ，室温は 20℃ のままで，湿度が 60％ になった。このとき，加湿器から実験室内の空気中に放出された水蒸気量は何 g か，求めなさい。

(1)	(2)	(3)

〔新潟−改〕

4 [雲のでき方] 次の問いに答えなさい。 (6点×3 − 18点)

(1) $1\,\mathrm{m^3}$ の空気中に含むことのできる最大の水蒸気量を何というか，書きなさい。

重要 (2) 次の文は，雲が発生するしくみを説明したものである。 ① ， ② にあてはまるものは何か。 ① は下の**ア～エ**から 1 つ選び， ② はあてはまる言葉を書きなさい。

Ⅰ 空気のかたまりが上昇する。

Ⅱ 上昇した空気のかたまりの ① 。

Ⅲ さらに空気のかたまりが上昇を続けると，その温度はやがて ② に達する。

Ⅳ 空気のかたまりに含まれている水蒸気が水滴となり，雲の粒として目に見えるようになる。

ア 温度が上がり，含まれている水蒸気の量と飽和水蒸気量は，大きくなる

イ 温度が上がり，含まれている水蒸気の量は変わらないが，飽和水蒸気量は大きくなる

ウ 温度が下がり，含まれている水蒸気の量と飽和水蒸気量は，小さくなる

エ 温度が下がり，含まれている水蒸気の量は変わらないが，飽和水蒸気量は小さくなる

(1)		(2)	①	②

〔福島−改〕

21 気圧と風

Step A 〉 Step B 〉 Step C 〉

1 気圧と風

解答▶別冊 26 ページ

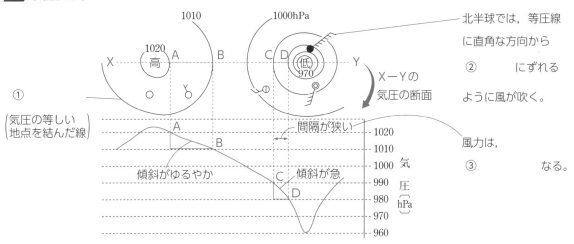

① （気圧の等しい地点を結んだ線）

間隔が狭い

傾斜がゆるやか　　傾斜が急

X－Yの気圧の断面

北半球では，等圧線に直角な方向から

②　　　にずれるように風が吹く。

風力は，

③　　　　　なる。

2 高気圧と低気圧

（まわりより気圧の低い所）
④

（まわりより気圧の高い所）
⑤

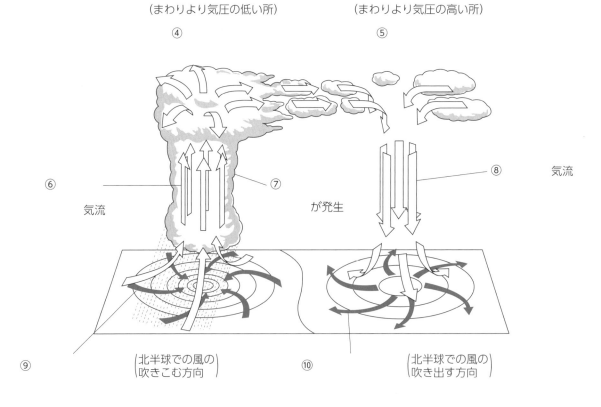

⑥　気流

⑦

⑧　気流

が発生

⑨　（北半球での風の吹きこむ方向）

⑩　（北半球での風の吹き出す方向）

▶次の[　]にあてはまる語句や数値を入れなさい。

3 気　圧

① 大気の重さによる圧力を[⑪　　　]という。

② 気圧の単位を，気象では[⑫　　　]といい，記号は[⑬　　　]で表す。

③ [⑭　　　] hPa を標準の気圧と決め，これを 1 気圧という。

④ 山頂などではその高さに相当する分だけ空気の重さが減るので，気圧は[⑮　　　]なる。

4 気圧と風

① 風は[⑯　　　]の高いほうから低いほうへと向かって吹く。

② 等圧線は 1000hPa を基準として[⑰　　　] hPa ごとに気圧の値が等しい所を結び，[⑱　　　] hPa ごとに太い線を引く。

③ 風は等圧線の間隔がせまい所ほど，風力が[⑲　　　]なる。

④ 風は地球の自転の影響を受けており，等圧線に対して直角に吹かず，北半球では，等圧線に垂直な方向から[⑳　　　]へずれるように吹く。

5 高気圧と低気圧

① 中心にいくほど気圧が高くなっている所を[㉑　　　]という。

② 中心にいくほど気圧が低くなっている所を[㉒　　　]という。

③ 低気圧の地表付近では，中心付近から[㉓　　　]回りに風が吹きこんでいる。

④ 高気圧の中心付近では，中心付近から時計まわり(右まわり)に風が吹き出している。中心付近では[㉔　　　]気流がある。

⑤ 低気圧の中心付近では，上向きに大気の流れが生じている。これを[㉕　　　]気流という。

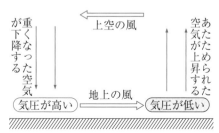
〈 空気の温度と気圧 〉

⑥ 2 つの高気圧にはさまれた気圧の低い部分を気圧の谷といい，ここに[㉖　　　]が発生しやすくなる。

6 いろいろな風

① 日本付近の北緯 30°〜 60°あたりの上空を西から東に吹く風を[㉗　　　]という。

② 地表近くで，季節によって決まった向きに吹く風を[㉘　　　]という。

③ 昼間に，海から陸に向かって吹く風を[㉙　　　]という。

④ 夜間に，陸から海に向かって吹く風を[㉚　　　]という。

⑪ _____

⑫ _____

⑬ _____

⑭ _____

⑮ _____

⑯ _____

⑰ _____

⑱ _____

⑲ _____

⑳ _____

㉑ _____

㉒ _____

㉓ _____

㉔ _____

㉕ _____

㉖ _____

㉗ _____

㉘ _____

㉙ _____

㉚ _____

Step A 〉Step B 〉Step C

●時　間 45分　●得　点
●合格点 75点　　　　　点

解答▶別冊 26 ページ

1 ［気　圧］　次の問いに答えなさい。　　　　　　　　　　　　　　　（4点×3－12点）

(1) 同一地点で高さによる気圧の変化を調べると，どのような結果が得られるか。次の**ア～エ**から1つ選び，記号で答えなさい。

　　ア　高さが高いほど，気圧は大きくなる。

　　イ　高さが高いほど，気圧は小さくなる。

　　ウ　高さと気圧は無関係の変化をする。

　　エ　高さが変化しても，気圧は一定である。

(2) (1)の結果から考えると，等圧線をひくとき高さの違う各地点の気圧の測定値はそのまま使ってよいか。使ってよい場合は「よい」と答え，よくないときにはどのようにした気圧を使うか簡潔に答えなさい。

(3) 密閉されたお菓子の袋を富士山のふもとから山頂に持っていくと，お菓子の袋はどうなるか。簡潔に書きなさい。

(1)	(2)		(3)

2 ［気圧と風］　図1はある年の7月2日午前6時の天気図である。次の問いに答えなさい。　　　（6点×8－48点）

〔図1〕
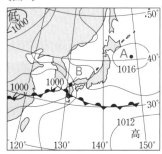

(1) A地点周辺の等圧線と風の関係や気流のようすを模式的に表したものとして適切なものはどれか。次の**ア～エ**から1つ選び，記号で答えなさい。

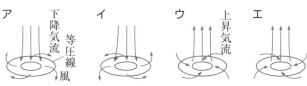

(2) B地点では，この時刻の風向，風力，天気は「南東の風，風力2，雨」であった。このことを，それぞれの記号を用いて図2に描きなさい。

〔図2〕
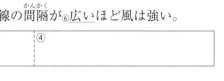

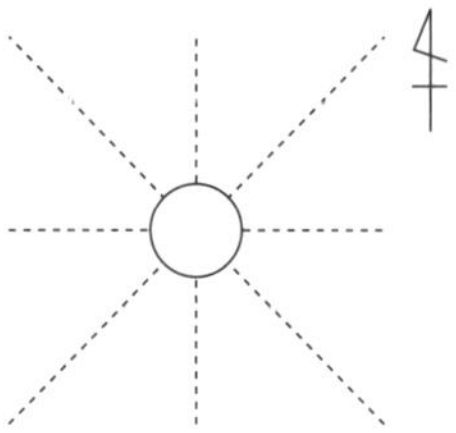

(3) 次の文の下線部分に誤りがあれば，訂正しなさい。訂正がない場合には○をつけなさい。

　　低気圧の中心付近では①下降気流があり，②雲が発生しやすく，③天気は悪い。風は気圧の④低いほうから高いほうに向かって吹き，北半球では等圧線に直角な方向から⑤左にそれて吹く。また，等圧線の間隔が⑥広いほど風は強い。

(1)	(2)（図に記入）	(3)	①	②	③	④
⑤	⑥					

3 [気圧と風] 図1は，ある年の 12 月 23 日の天気図である。

これについて，次の問いに答えなさい。 (6点×5 − 30点)

〔図1〕 12月23日の天気図

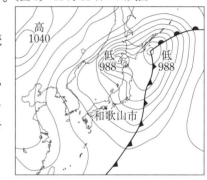

(1) 気圧の大きさは「hPa」という単位で表される。「hPa」の読みをカタカナで書きなさい。

記述 (2) 図1の 12 月 23 日の天気図から，日本国内で最も風が強いと考えられる地域はどこか。最も適切なものを，次のア〜エから1つ選び，記号で答えなさい。また，そのように考えた理由を簡潔に書きなさい。

　ア　九州地方　　イ　近畿地方

　ウ　関東地方　　エ　北海道地方

〔図2〕　地球上の水の循環のようす

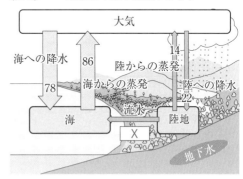

記述 (3) 温度が異なる空気がぶつかったときには，上昇気流が生じる。これ以外に，上昇気流はどのようなときに生じるか，簡潔に書きなさい。

(4) 図2は，地球上の水の循環のようすを模式的に表したものである。地球上の水は，太陽のエネルギーによって，状態を変えながら絶えず海と陸地と大気の間を循環している。全降水量を 100 として表したとき，図中の　X　にあてはまる適切な数値を書きなさい。

(1)		(2)	記号	理由	
(3)					(4)

〔和歌山〕

4 [高気圧と低気圧] 右の図は，ある年の日本付近の天気図である。これについて，次の問いに答えなさい。

(5点×2 − 10点)

〔図1〕

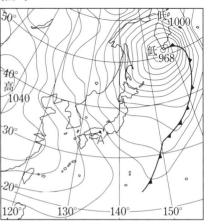

(1) 図のA地点において，標高 0 m での気圧として最も適切なものを，次のア〜エから1つ選び，記号で答えなさい。

　ア　1018 hPa　　イ　1022 hPa

　ウ　1026 hPa　　エ　1030 hPa

(2) 図の低気圧の中心付近では，風はどのように吹くか。次のア〜エから1つ選び，記号で答えなさい。

ア　　　　イ　　　　ウ　　　　エ

Step A 〉 Step B 〉 Step C-①

●時 間 45分　●得 点
●合格点 75点　　　　点

解答▶別冊 27 ページ

1 右の図は，高さによる大気圧の変化を示しているグラフである。次の問いに答えなさい。　　　　　(6点×5－30点)

(1) 横軸は大気圧を表しているが，その単位を記号を用いて答えなさい。

記述 (2) この地球上に大気圧があるのはなぜか。理由を簡潔に答えなさい。

(3) 2000mの高さの山の頂上付近での大気圧の大きさをグラフより求めなさい。

記述 (4) 空のペットボトルにふたをして，ふもとから富士山の頂上までもっていくとどのような状態になりますか。また，それはなぜか簡潔に答えなさい。

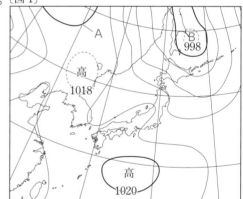

(1)	(2)		(3)	
(4)	状態		理由	

2 図1は，ある年の4月16日午前9時の天気図である。次の問いに答えなさい。　　　(7点×3－21点)

(1) 図1の天気図において，等圧線Aが示す気圧の大きさは何hPaか，書きなさい。

(2) 図1の天気図における新潟市の風向は西南西，風力は3，天気は晴れであった。このときの，風向，風力，天気について，それぞれを表す記号を使って図2に描きなさい。

〔図2〕
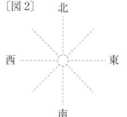

〔図1〕

(3) 図1の天気図中のBの中心付近における空気の流れを模式的に表すとどのようになるか。最も適当なものを，次のア〜エから1つ選び，記号で答えなさい。ただし，ア〜エの図中の◎は等圧線を，矢印は空気の流れを表している。

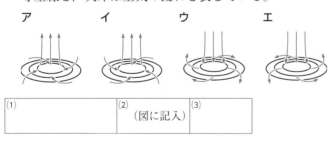

ア　　　　イ　　　　ウ　　　　エ

(1)	(2) (図に記入)	(3)

〔新 潟〕

3 次の問いに答えなさい。　　　　　　　　　　　（7点×7 – 49点）

〔図1〕
ピストン
簡易真空容器
ゴム風船
デジタル温度計

(1)図1のように，簡易真空容器にデジタル温度計と少しふくらませて口を閉じたゴム風船を入れた。さらに中を水で湿らせて，線香の煙を入れたあと，ピストンを引いて容器内の空気を抜いていくと，容器の中がくもった。この実験について，①～③の問いに答えなさい。

①ゴム風船はどうなるか。適切なものを次の**ア**～**ウ**から1つ選び，記号で答えなさい。

ア しぼむ　　**イ** ふくらむ　　**ウ** 変わらない

②次の文の　 a 　～　 d 　に入る語句の組み合わせとして適切なものを，あとの**ア**～**エ**から1つ選び，記号で答えなさい。

　　気圧が　 a 　なると空気が　 b 　する。その結果，温度が　 c 　し，露点よりも温度が　 d 　なると空気中の水蒸気が水滴となり，雲ができる。

ア a－高く　b－収縮　c－上昇　d－高く

イ a－高く　b－収縮　c－低下　d－低く

ウ a－低く　b－膨張　c－上昇　d－高く

エ a－低く　b－膨張　c－低下　d－低く

③雲について説明した文として適切なものを，次の**ア**～**エ**から1つ選び，記号で答えなさい。

　ア 空気が山の斜面に沿って下降するとき，雲ができやすい。

　イ 太陽によって地表があたためられて上昇気流が起こると，雲ができやすい。

　ウ まわりより気圧の低いところでは下降気流が起こるので，雲ができにくい。

　エ あたたかい空気と冷たい空気が接するところでは，雲ができにくい。

(2)図2は，乾湿計の一部を表したものであり，表は，湿度表の一部を表したものである。また，図3は，ある日の気温と湿度の観測記録である。これについて，①～③の問いに答えなさい。

①気温が22℃，湿度が66%であるとき，図2のA，Bの示度はそれぞれ何℃か，表を用いて整数で求めなさい。

②図3は，ある日の気温と湿度の観測記録である。あとの**ア**～**エ**のうち，空気1m³中に含まれている水蒸気の量が最も多い時刻はどれか。1つ選び，記号で答えなさい。

ア 5時　　**イ** 12時
ウ 18時　　**エ** 24時

③図3の21時のときの気温は18℃で，湿度は62%である。このとき，乾湿計の湿球の示度は何℃になるか，表を用いて整数で求めなさい。

〔図2〕A B

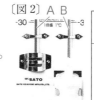

	乾球と湿球の示度の差〔℃〕					
	0.0	1.0	2.0	3.0	4.0	5.0
乾球の示度〔℃〕 23	100	91	83	75	67	59
22	100	91	82	74	66	58
21	100	91	82	73	65	57
20	100	90	81	72	64	56
19	100	90	81	72	63	54
18	100	90	80	71	62	53

〔図3〕

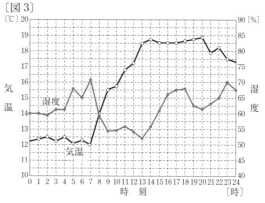

(1)	①		②		③		(2)	①	A		B		②		③	

〔兵庫－改〕

22 前線と天気の変化

Step A 〉 Step B 〉 Step C

解答▶別冊 27 ページ

1 寒冷前線・温暖前線と天気

（寒冷前線の天気図記号：進行方向⇩）　　　　（温暖前線の天気図記号：進行方向⇧）

① 　　　　　　　　　　　　　　　　　　　　②

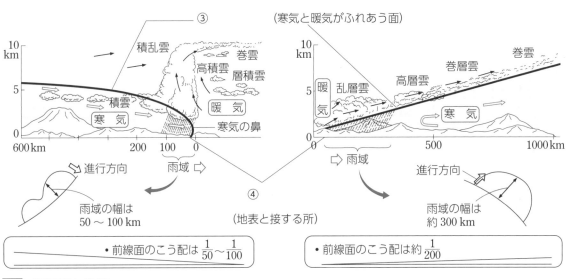

（寒気と暖気がふれあう面）

・前線面のこう配は $\frac{1}{50} \sim \frac{1}{100}$

・前線面のこう配は約 $\frac{1}{200}$

雨域の幅は 50 〜 100 km

雨域の幅は約 300 km

2 低気圧と前線

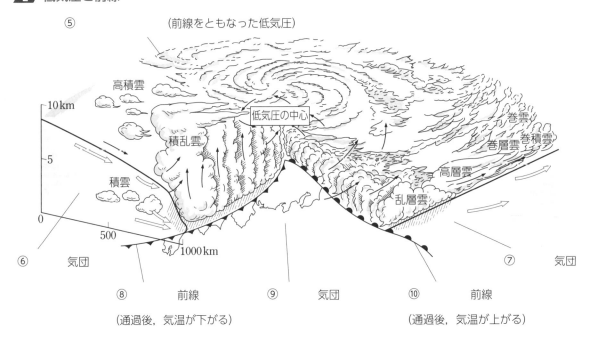

（前線をともなった低気圧）

⑥　気団　　　　　　　　　　　　　　　　　　　⑦　気団

⑧　前線　　　　⑨　気団　　　⑩　前線

（通過後，気温が下がる）　　　　　　　（通過後，気温が上がる）

▶次の[　　]にあてはまる語句を入れなさい。

3 前　線

① 気温，湿度(しつど)がほぼ一様の大きな大気のかたまりを[⑪　　　]という。

② 冷たい大気のかたまりを[⑫　　　]，あたたかい大気のかたまりを
[⑬　　　]という。

③ 性質の異なる気団は互いに接しても，なかなか混ざり合うことはない。
この境の面を[⑭　　　]という。

④ 境の面が地表と交わるところを[⑮　　　]といい，50km ～ 100km ほ
どの幅をもっている。

4 寒冷前線と天気の変化

① 寒気が暖気を強くおし上げながら進む前線を[⑯　　　]という。

② この前線付近では，[⑰　　　]などの雲が垂直に発達する。

③ この前線が通過すると急に風が吹(ふ)きだし，[⑱　　　]雨が降り，寒気
におおわれるので気温は[⑲　　　]。

5 温暖前線・停滞前線と天気の変化

① 暖気が寒気の上にゆるやかにのぼりながら進む前線を[⑳　　　]とい
う。

② この前線の付近では，層状の[㉑　　　]や[㉒　　　]などが広く発達
する。

③ この前線が近づくとおだやかな雨が長い時間降り，前線の通過後は暖
気におおわれるので気温は[㉓　　　]。

④ 暖気と寒気の勢力がほぼ同じで，あまり動かない前線を[㉔　　　]と
いう。つゆ(梅雨(ばいう))，秋雨の時期の雨の多い，ぐずついた天気となる。

6 低気圧と前線

① 温帯地方で発達する，寒冷前線と温暖前線をと
もなった低気圧を[㉕　　　]という。

② 低気圧の中心部から南西方向に[㉖　　　]前線
が，南東方向に[㉗　　　]前線がのびている。

N
↑
寒気
雨の降る範囲 〈北より〉
〈南より〉
暖気
〈温帯低気圧と風向〉

③ 寒冷前線と温暖前線では，ふつう[㉘　　　]前
線のほうが，進む速さははやいので，寒冷前線
と温暖前線とが重なり[㉙　　　]前線ができる。
この前線ができると温帯低気圧は，おとろえ，消滅(しょうめつ)していく。

④ 熱帯低気圧が発達し，等圧線は同心円状，またはだ円状で，最大風速
が 17.2m/s 以上のものを[㉚　　　]といい，前線をともなわず，中心
には目ができることがある。

⑪ ＿＿＿＿＿＿
⑫ ＿＿＿＿＿＿
⑬ ＿＿＿＿＿＿
⑭ ＿＿＿＿＿＿
⑮ ＿＿＿＿＿＿

⑯ ＿＿＿＿＿＿
⑰ ＿＿＿＿＿＿
⑱ ＿＿＿＿＿＿
⑲ ＿＿＿＿＿＿

⑳ ＿＿＿＿＿＿
㉑ ＿＿＿＿＿＿
㉒ ＿＿＿＿＿＿
㉓ ＿＿＿＿＿＿
㉔ ＿＿＿＿＿＿

㉕ ＿＿＿＿＿＿
㉖ ＿＿＿＿＿＿
㉗ ＿＿＿＿＿＿
㉘ ＿＿＿＿＿＿
㉙ ＿＿＿＿＿＿
㉚ ＿＿＿＿＿＿

●時 間 40分 　●得 点

●合格点 75点 　　　　点

解答▶別冊 27 ページ

1 [前線と低気圧]　右の図は，日本付近で見られる天気図に示された低気圧のようすを模式的に表したものであり，□□□で囲まれた部分は，海面上に引いた線A－Bに沿って，海面に垂直な断面を南から見て示したものである。ただし，前線C，Dは実線で示している。次の問いに答えなさい。

（8点×3－24点）

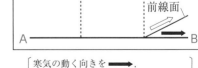

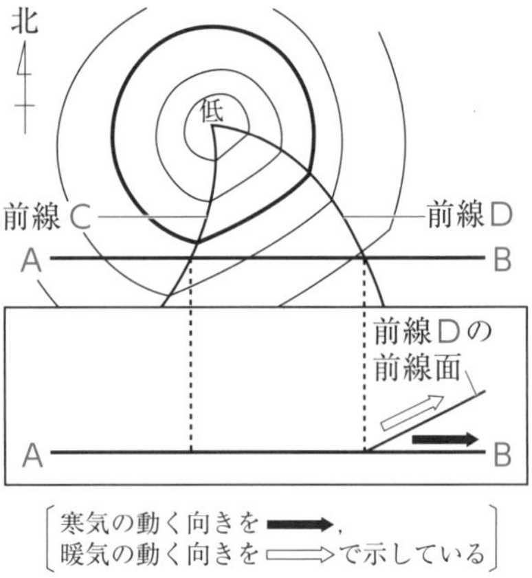

(1) 次の文の①，②の（　　　）の中から，それぞれ適当なものを1つずつ選び，記号で答えなさい。

前線Dは，①（**ア**　寒冷前線　　**イ**　温暖前線）である。また，線A－Bで示される地点の，前線Dの東側では，②（**ウ**　積乱雲　　**エ**　乱層雲）が生じて，雨が降ることが多い。

(2) 前線C付近のようすを，図の□□□内に模式的に表すとどうなるか。図の□□□内の前線D付近のようすの描き方にならって，「前線Cの前線面」を実線で，前線C付近の「寒気の動く向き」を➡で，前線C付近の「暖気の動く向き」を⇨で描き入れなさい。

(1)	①	②	(2)（図に記入）

〔愛　媛〕

2 [低気圧と前線]　図1は，ある日の日本付近の大気の状態について，等圧線と各地の風向・風力のみを記したものである。これについて，次の問いに答えなさい。

（6点×4－24点）

〔図1〕

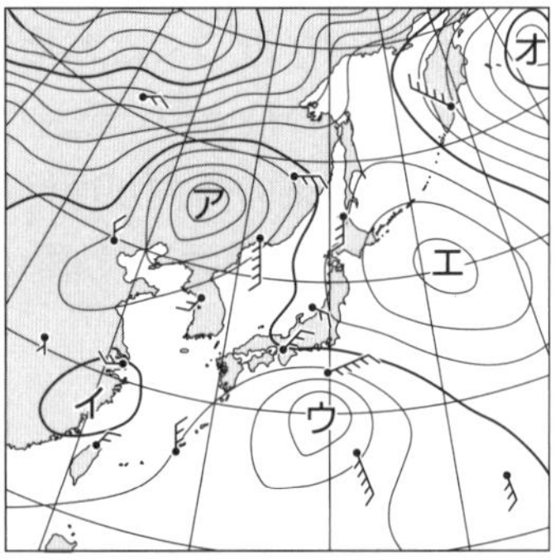

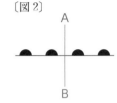

(1) 図1の**ア～オ**のうち，低気圧はどれか。あてはまるものをすべて選び，その記号を書きなさい。

(2) 図2は，図1の低気圧からのびていた2つの前線のうちの1つの天気図記号である。この前線について，A―Bに沿った断面を模式的に表している図として最も適当なものを，次の**ア～ク**から選び，記号を書きなさい。ただし，矢印は前線の進む向きを示している。また，高さと水平距離の割合は実際とは異なる。

〔図2〕

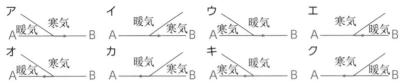
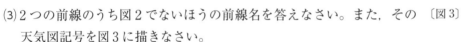

(3) 2つの前線のうち図2でないほうの前線名を答えなさい。また，その天気図記号を図3に描きなさい。

〔図3〕

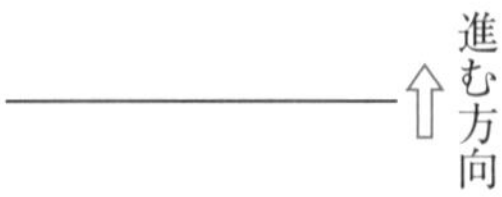

進む方向

(1)		(2)		前線名	記号
			(3)		（図に記入）

〔国立工業高専－改〕

3 [前　線]　図1は，ある年の3月12日9時の天気図である。また，図2のグラフはその年の3月12日1時から13日24時までの福島市での気温，気圧の変化を示したものである。これについて，あとの問いに答えなさい。　(7点×4－28点)

〔図1〕
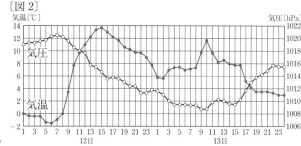

(1) Aの低気圧は，中緯度帯で発生し，前線をともなう低気圧である。このような低気圧を何というか，書きなさい。

(2) Yのような前線付近では，底面が暗く，雨や雪を降らせる厚い雲が見られる。この雲を何というか。次の**ア**～**エ**の中から1つ選び，記号で答えなさい。

　　ア 乱層雲　　**イ** 巻層雲
　　ウ 積　雲　　**エ** 積乱雲

〔図2〕

(3) Zのような前線では，暖気と寒気がどのように動きながら進んでいくか。暖気，寒気という言葉を用いて，「Zのような前線では，」という書き出しに続けて書きなさい。

(4) Zの前線は，福島市を13日24時までに通過した。通過したと考えられる時間帯として最も適当なものを，次の**ア**～**カ**から1つ選び，記号で答えなさい。

　　ア 12日9時から11時　　**イ** 12日14時から16時　　**ウ** 13日3時から5時
　　エ 13日6時から8時　　**オ** 13日9時から11時　　**カ** 13日17時から19時

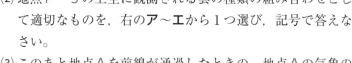

〔福　島〕

4 [前線と気象の変化]　右の図は，日本のある地点Xに中心がある温帯低気圧のつくりを模式的に表したものである。次の問いに答えなさい。

(8点×3－24点)

(1) X－Y，X－Zは，前線を表している。X－Yが表す前線を何というか，書きなさい。

(2) 地点P～Sの上空に観測される雲の種類の組み合わせとして適切なものを，右の**ア**～**エ**から1つ選び，記号で答えなさい。

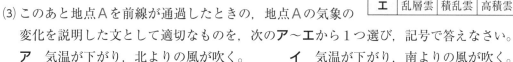

	地点P	地点Q	地点R	地点S
ア	積乱雲	乱層雲	巻雲	高積雲
イ	乱層雲	積乱雲	巻雲	高積雲
ウ	積乱雲	乱層雲	高積雲	巻雲
エ	乱層雲	積乱雲	高積雲	巻雲

(3) このあと地点Aを前線が通過したときの，地点Aの気象の変化を説明した文として適切なものを，次の**ア**～**エ**から1つ選び，記号で答えなさい。

　　ア 気温が下がり，北よりの風が吹く。　　**イ** 気温が下がり，南よりの風が吹く。
　　ウ 気温が上がり，強いにわか雨が降る。　　**エ** 気温が上がり，弱い雨が降る。

〔兵庫－改〕

23 日本の気象と気象災害

Step A ＞ Step B ＞ Step C

1 日本に影響をおよぼす気団

2 日本の四季の天気

解答▶別冊 28 ページ

①　　　　　気団

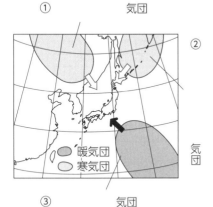

②

③　　　　　気団

凡例：暗灰色＝暖気団、灰色＝寒気団

気団

④　　　　　（季節）

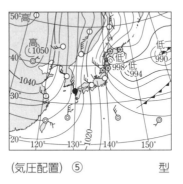

（気圧配置）⑤　　　　　型

⑥　　　　　（季節）

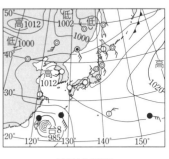

南高北低型

春・秋

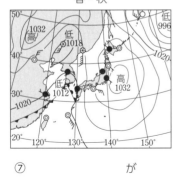

⑦　　　　　が

日本付近を通過

梅雨・秋雨

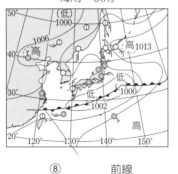

⑧　　　　　前線

3 大気の大循環

⑨

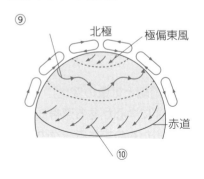

北極　　極偏東風

赤道

⑩

4 気象と災害

1991年9月台風第19号
（62人）

2011年9月第12号
（98人）

2004年10月台風第23号
（98人）

枕崎台風
1945年9月
（3756人）

伊勢湾台風
1959年9月
（5098人）

1982年8月台風第10号
（95人）

〈日本に大きな災害をもたらした主な台風の経路〉
（　）内は死者・行方不明者数

台風の進路は，中緯度
で高度約 12 kmで吹く
⑪　　　　　の影響
により，東よりに変わ
る。

集中豪雨は，
⑫　　　　　　，洪水
などの災害をもたらす反面，
豊かな ⑬　　　　　が
確保できる。

▶次の［　］にあてはまる語句を入れなさい。

5 日本周辺の気団

① ［⑭　　　　］気団←─冬に大陸で発達。寒冷で，乾燥している気団。

② ［⑮　　　　］気団←─夏に北太平洋で発達。高温で，多湿な気団。

③ ［⑯　　　　］気団←─オホーツク海で発達。寒冷で，湿っている気団。

6 冬の天気

① 冬は［⑰　　　］気団が発達し，［⑱　　　］型の気圧配置となり，日本付近で等圧線が南北に走る。

② 日本付近では［⑲　　　］の季節風が吹き，日本海側では雪が降り，太平洋側では晴天で，空気が乾燥した日が続く。

7 夏の天気

① 夏は［⑳　　　］気団が発達し，［㉑　　　］型の気圧配置となり，日本付近を高気圧がおおう。

② 日本付近では［㉒　　　］の季節風が吹き，高温多湿の日が続く。

8 春・秋の天気

① 春と秋には，［㉓　　　］高気圧が日本付近を通っていく。

② ［㉓］高気圧の前後は低圧部となり，これらが交互に日本付近を通るため，天気は［㉔　　　］に変化する。

9 梅雨と秋雨，台風

① 夏の初めには，寒冷な［㉕　　　］気団と高温の［㉖　　　］気団とが日本付近で接して［㉗　　　］前線ができるため，梅雨（つゆ）とよばれる長雨になる。6月末から7月初めにかけて，［㉖］気団の発達により梅雨前線（停滞前線）が北上し，梅雨が明ける。

② 秋の初めにも，梅雨と同じように停滞前線（秋雨前線）ができ，［㉘　　　］（秋霖）とよばれる長雨となる。シベリア気団の発達とともに，10月のなかばごろに消える。

③ 8月から10月にかけて，南方海上に発生した［㉙　　　］低気圧のうち，中心付近の最大風速が17.2m/秒以上のものを台風という。

10 大気の動き，自然災害と恩恵

① 日本付近の高気圧や低気圧は，［㉚　　　］の影響で［㉛　　　］から［㉜　　　］へ移動する。

② 日本列島は，冬にはシベリアからの北西の季節風により，日本海側の各地では［㉝　　　］となり，夏には太平洋上の高気圧の影響を受け，高温で晴れの天気が続き，［㉞　　　］になることがある。

③ 梅雨や秋雨，また，7月〜10月にかけての台風による集中豪雨は［㉟　　　］，浸水，土砂くずれなどの災害をもたらす反面，農業用水，［㊱　　　］，工業用水などの水資源になっている。

⑭ _____

⑮ _____

⑯ _____

⑰ _____

⑱ _____

⑲ _____

⑳ _____

㉑ _____

㉒ _____

㉓ _____

㉔ _____

㉕ _____

㉖ _____

㉗ _____

㉘ _____

㉙ _____

㉚ _____

㉛ _____

㉜ _____

㉝ _____

㉞ _____

㉟ _____

㊱ _____

第1章
第2章
第3章
第4章
総合実力テスト

Step A ▶ Step B-① ▶ Step C

●時 間 45分	●得 点
●合格点 75点	点

解答▶別冊 28 ページ

1 [日本の天気]　次の問いに答えなさい。　(4点×7－28点)

〔図1〕

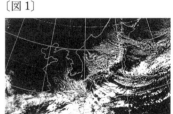

(1) 図1は気象衛星からうつした，日本付近の雲の写真である。どの季節に典型的に見られるものかを答えなさい。

(2) 図1で，日本の天気に最も深くかかわっている気団の名称を答えなさい。

(3) (2)で答えた気団の特徴を，その気温と湿度の面から簡潔に述べなさい。

(4) 図1で，本州の日本海側に発達している雲の名称を答えなさい。

〔図2〕

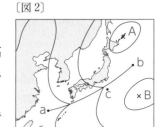

(5) 図2は，梅雨の時期の天気図である。図中のA，Bは，それぞれ高気圧(H)，低気圧(L)のどちらか。右の表のア～エから正しい組み合わせを選び，記号で答えなさい。

(6) 図2のa―b間の前線は，梅雨の長雨をもたらす原因となる前線である。その前線記号を図2に描きなさい。

(7) 図2のc地点の天気として適当なものを，次のア～エから選びなさい。

ア　雨が降っていて比較的暑い。

イ　雨が降っていて比較的涼しい。

ウ　晴れていて比較的暑い。

エ　晴れていて比較的涼しい。

	ア	イ	ウ	エ
A	L	L	H	H
B	L	H	L	H

(1)	(2)	(3)	(4)	(5)

(6) （図に記入）	(7)

〔開成高－改〕

2 [日本の天気と台風]　右の図は，ある年の7月6日午前9時の天気図である。次の問いに答えなさい。　(4点×9－36点)

(1) A地点の天気，風向，風力を書きなさい。

(2) B～Fの各地点のうち，気圧が最も高い所を選びなさい。

(3) ①，②にあてはまる言葉として正しいものを，あとのア～カから1つ選びなさい。

　この日，熊本市は午前中くもりであったが，午後になって ① 前線が通過するとき激しい雨が降った。やがて，天気は回復して気温が ② 。

ア　①温暖　②上がった　　イ　①温暖　②下がった　　ウ　①寒冷　②上がった

エ　①寒冷　②下がった　　オ　①停滞　②上がった　　カ　①停滞　②下がった

(4) 夏に太平洋上で発達し，日本の天気に大きな影響をおよぼす気団は何か。名称を書きなさい。

(5) ①～③の（　）から，それぞれ正しいものを1つずつ選びなさい。

　台風は，熱帯地方で発生した低気圧(熱帯低気圧)が発達したものである。北半球の場合，低気圧の所の地表付近を吹く風は，時計の針の動きと①(ア 同じ　イ 反対の)向きに回るように，

②(ア 低気圧の中心へ吹きこんで　　イ 低気圧の中心から吹き出して)いる。F地点では, 現在, 北東の風が吹いているが, 図の台風7号が矢印の方向に進み続けると, F地点の風向は今後しだいに③(ア 北よりの風から西よりの風　　イ 東よりの風から南よりの風)に変化すると考えられる。

(1)	天気	風向	風力	(2)	(3)	(4)

(5)	①	②	③			

〔熊　本〕

要 3 [日本の天気]　天気の変化と季節による特徴について, 天気図を見て調べた。次の問いに答えなさい。　(4点×9－36点)

〔図1〕 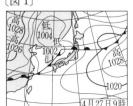　〔図2〕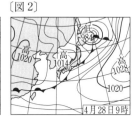

(1) 図1, 2は, ある年の4月27日, 28日の午前9時の天気図である。

①図1のとき, 長野県の天気は次のどれであったと考えられますか。

ア 晴れ, 南の風　　イ 晴れ, 北の風　　ウ 雨, 東の風　　エ 雨, 西の風

②4月27日夜, 前線が長野県を通過した。この前線名を書きなさい。

③②の前線が通過した直後の天気の変化で, 適切なものはどれですか。

ア 風向は変わらず, 気温が下がり, 雨が降り始める。

イ 風向がほぼ逆になり, 気温が上がり, 晴れる。

ウ 風向は変わらず, 気温が上がり, 晴れる。

エ 風向がほぼ逆になり, 気温が下がり, 雨が降り始める。

④図1から図2への変化からみて, 4月29日午前9時ごろ, 長野県の天気はどのようになると考えられるか。次の文中のA～Cに, 下から適切な語を選び, 書きなさい。

オホーツク海にある低気圧は, さらに A へ遠ざかり, 前線が南へ下がる。一方, B から高気圧が近づき, 県内は C 所が多くなってくる。

〔くもる　　晴れる　　雨の降る　　北　　北東　　南東　　南　　西〕

(2) 図3, 4, 5には, 日本の天気の季節による特徴が表れている。それぞれの図の月日はいつと考えられるか。次から選びなさい。

〔図3〕　　〔図4〕　　〔図5〕

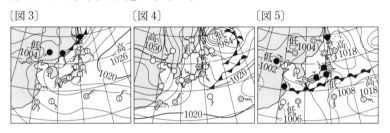

ア 1月31日　　イ 5月3日　　ウ 6月29日　　エ 8月2日

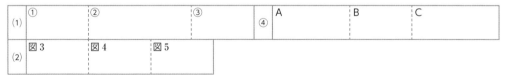

(1)	①	②	③	④	A	B	C

(2)	図3	図4	図5				

〔長　野〕

Step A　Step B-②　Step C

●時　間　45分　●得　点
●合格点　75点　　　　　点

解答▶別冊 29 ページ

1 [台　風]　図1は，過去日本に上陸し大きな災害をもたらし〔図1〕
た台風の経路を，図2はある年発生した台風の経路を示した
ものである。次の問いに答えなさい。　　　(7点×7－49点)

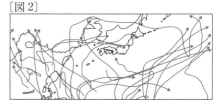

(1) 台風は何低気圧が発達して，中心付近の風速が 17.2m/s 以上
になったものか。低気圧名を答えなさい。

(2) 台風は前線をともないますか，ともないませんか。

(3) 図2からわかるように，この年は台風の被害は少なかったが，
ほかの問題が起こった。それは何ですか。

〔図2〕

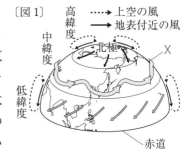

(4) 台風による災害には，どのようなものがあるか。
次の**ア～カ**からすべて選び，記号で答えなさい。
ア 高潮（たかしお）　**イ** 津波（つなみ）　　**ウ** 土砂（どしゃ）くずれ
エ 豪雪（ごうせつ）　**オ** 建造物の損壊（そんかい）　**カ** 浸水（しんすい）

(5) 日本列島に上陸すると，台風の勢力はふつうどうなるか。次から選び，記号で答えなさい。
ア さらに発達し強くなる。　　**イ** あまり変わらない。　　**ウ** 弱くなっていく。

(6) 台風の進路は，図1のように日本列島に近づくと東よりに向きを変える場合が多い。この理由
を，次の**ア～エ**から選び，記号で答えなさい。
ア 日本には春・夏・秋・冬の季節があるため。
イ 日本の上空に偏西風（へんせいふう）が吹（ふ）いているため。
ウ 地球が反時計まわりに公転しているため。
エ 日本付近を暖流の黒潮（くろしお）が流れているため。

(7) 台風は(4)のような災害をもたらす反面，どのような恩恵（おんけい）をもたらしていますか。

(1)	(2)	(3)	(4)	(5)
(6)	(7)			

2 [日本の天気]　はるかさんは大気の動きや日本の季節について，調べたことを次のようにノー
トにまとめた。あとの問いに答えなさい。　　　　　　　　　　　　　　　　(6点×5－30点)

〔ノートの一部〕

　(ⅰ) 図1は北半球での大気の動きの一部を模式的に表したも
のである。中緯度（ちゅういど）の上空で南北に蛇行（だこう）しながら西から東
へ向かう大気の動きを　X　という。特に強い　X　を
ジェット気流という。低緯度と高緯度にもそれぞれの大
気の動きがあり，このような，いくつかの大きな大気の
動きが合わさって，大気は地球規模で循環（じゅんかん）しているとい
える。

〔図1〕
高緯度　·····▶上空の風
中緯度　　　━▶地表付近の風
低緯度
北極
X
赤道

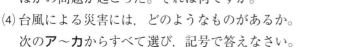

(ii) 陸と海では，あたたまり方が違うので，陸上と海上とで気温差が生じて風が吹くことがある。これを，　Y　という。

(iii) 図2は，日本の冬の季節風と天気を模式的に表したものである。大陸で発達した気団から冷たく乾燥した大気が吹き出し，日本海をこえて日本列島の山脈にぶつかると日本海側の各地に雪を降らせ，山脈をこえて太平洋側に吹き下りる。

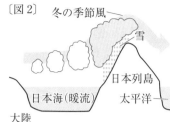

〔図2〕
冬の季節風
雪
日本列島
日本海（暖流）　太平洋
大陸

(iv) 日本付近の春と秋の天気は，おおむね4〜7日の周期で天気が移り変わることが多い。

(1) (i)，(ii) の　X　，　Y　に入る大気の動きは何か，その名称をそれぞれ書きなさい。

(2) (ii) について，晴れた日の昼と夜において，それぞれの気温が高いのは陸上と海上のどちらか。また，晴れた日の昼と夜において，　Y　の向きとして正しいものは図3のA，Bのどちらか。下の**ア〜エ**から最も適当な組み合わせを1つ選び，記号で答えなさい。

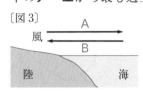

〔図3〕
風　A
　　B
陸　海

	ア	イ	ウ	エ
昼に気温が高い	海上	海上	陸上	陸上
夜に気温が高い	陸上	陸上	海上	海上
昼	A	B	A	B
夜	B	A	B	A

（記述）(3) (iii) について，冬の季節風が大陸の上では乾いているのにもかかわらず，日本海側の各地に雪を降らせるのは，大気の状態のどのような変化によるものか。「暖流」「水蒸気」という2つの言葉を使って，簡単に書きなさい。

(4) (iv) について，日本の天気が周期的に移り変わるのは，日本付近を低気圧と高気圧が交互に通過することが原因である。このとき，日本付近を通過する高気圧の名称を書きなさい。

(1)	X	Y	(2)		
(3)					(4)

〔三重-改〕

---

3 ［台　風〕　台風の進路について，次の問いに答えなさい。　　　　　（7点×3−21点）

(1) 右の図は，ある台風の進路を表したものである。この台風は，9月25日に北東へ進路を変え，速さを増した。この原因の1つである，中緯度帯の上空を一年中吹く西よりの風を何というか。書きなさい。

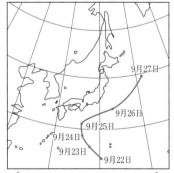

9月27日
9月26日
9月25日
9月24日
9月23日
9月22日

・はそれぞれの日の午前9時に台風の中心があった位置を表す。

(2) 次の文は，台風の進路と気団の関係を説明したものである。①，②の（　）の中からあてはまる語句をそれぞれ選び，記号で答えなさい。

秋には①（**ア**　シベリア気団　　**イ**　小笠原気団）が夏に比べて②（**ウ**　発達する　　**エ**　おとろえる）ので，台風は，日本に近づくことが多くなる。

(1)		(2)	①		②

〔山　口〕

Step A 〉 Step B 〉 Step C-②

●時 間 45分　●得 点
●合格点 75点　　　　点

解答▶別冊 29 ページ

1 図1，図2は，それぞれ4月14日に地点A，地点Bで観測した風向・風力，天気，気温，湿度の変化の一部を表したものである。あとの問いに答えなさい。(9点×2－18点)

〔図1〕地点Aの気象要素
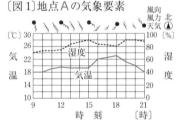

〔図2〕地点Bの気象要素
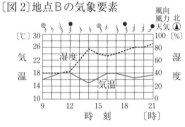

(1) 次の文は，前線についてまとめたものの一部である。　a　，　b　に入る適切な内容と，　c　に入る適切な言葉の組み合わせを，下の**ア～エ**から1つ選び，記号で答えなさい。

　日本付近などの温帯にできる低気圧は，図3のように，東側に温暖前線，西側に寒冷前線をともなっていることが多い。温暖前線付近では，暖気が寒気の　a　ようにして進み，寒冷前線付近では，寒気が暖気の　b　ようにして進む。このため前線付近では上昇気流が生じて雲ができやすい。寒冷前線の進み方は温暖前線よりはやいことが多いため，地上の暖気の範囲はしだいにせまくなり，寒冷前線が温暖前線に追いつくと，　c　ができる。

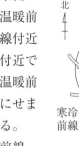
〔図3〕

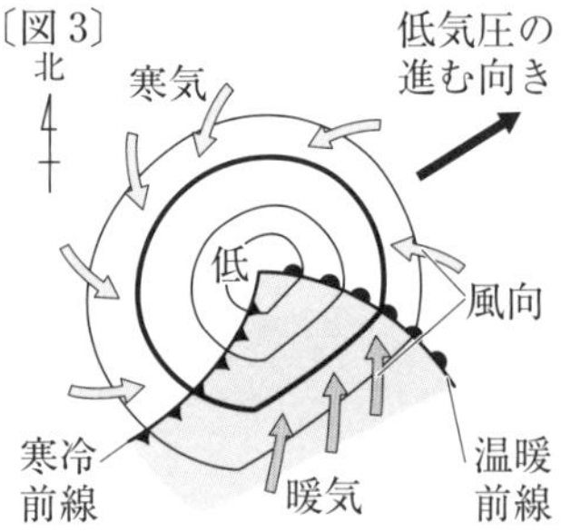

ア a－上にはい上がる　b－下にもぐりこむ　c－閉塞前線
イ a－上にはい上がる　b－下にもぐりこむ　c－停滞前線
ウ a－下にもぐりこむ　b－上にはい上がる　c－閉塞前線
エ a－下にもぐりこむ　b－上にはい上がる　c－停滞前線

(2) 図4は，4月14日の15時，18時のいずれかの時刻の天気図である。また，地点A，Bは，図4の①，②のいずれかにそれぞれ位置する。図4の天気図の時刻と，地点A，Bの位置の組み合わせとして最も適切なものを，下の**ア～エ**から1つ選び，記号で答えなさい。

〔図4〕
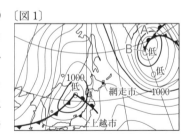

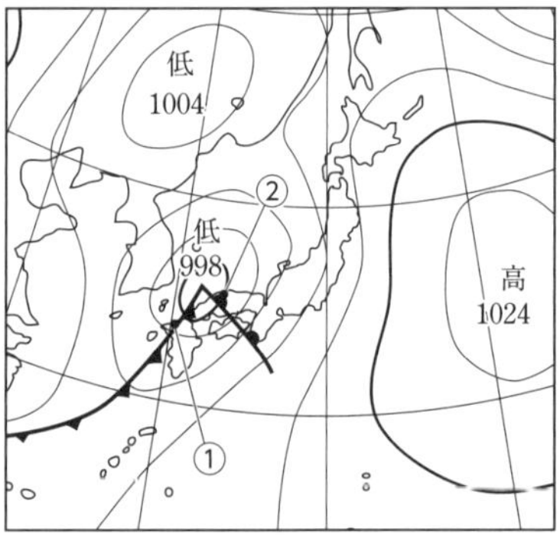

	図4の天気図の時刻	地点Aの位置	地点Bの位置
ア	15時	①	②
イ	15時	②	①
ウ	18時	①	②
エ	18時	②	①

(1)	(2)

〔宮　崎〕

2 図1は，ある年の3月10日3時における天気図である。次の問いに答えなさい。(8点×4－32点)

(1) 図2は，図1の上越市における3月10日の1時から15時までの気温と湿度の変化を示したものである。図1と図2から，この日の8時頃に上越市を前線が通過し始めたことがわかる。上越市における，8時ごろに通過し始めた前線と，12時の天気の

〔図1〕

組み合わせとして，最も適切なものを，次の**ア～エ**から1つ選び，記号で答えなさい。また，そのように判断した理由として，図2から読みとれることを，前線と天気について1つずつ簡単に書きなさい。

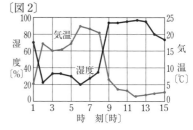

〔図2〕

ア 前線－温暖　天気－晴れ　**イ** 前線－温暖　天気－雨
ウ 前線－寒冷　天気－晴れ　**エ** 前線－寒冷　天気－雨

記述 (2) 図1のAからBにのびた前線は，閉塞前線である。閉塞前線ができると温帯低気圧は衰退していくことが多い。その理由を，「寒気」「上昇気流」という2つの言葉を用いて，簡単に書きなさい。

(1)	記号	前線		天気
(2)				

〔静　岡〕

3 右の図は，ある年の7月2日12時における天気図である。また，気象観測地点Xにおける，7月2日から3日にかけての気象データを表にまとめた。観測地点Xの天気が7月2日から3日にかけて変化したのは，7月2日12時の天気図において日本海上にある低気圧が[　　]へ移動し，気象観測地点Xの近くを温暖前線，寒冷前線の順に通過したためであると考えられる。 (10点×5－50点)

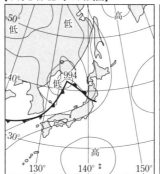

【7月2日12時の天気図】

【気象観測地点Xにおける気象データ】

	7月2日			7月3日	
時刻〔時〕	天気	風向	時刻〔時〕	天気	風向
13	◎	東南東	1	◎	西南西
14	◎	東南東	2	◎	南南西
15	●	南東	3	◎	西
16	●	南東	4	◎	西南西
17	●	西	5	◎	西南西
18	●	南	6	●	西南西
19	◎	南西	7	●	東北東
20	◎	南西	8	●	北北東
21	◎	南西	9	●	北
22	◎	西南西	10	●	北
23	◎	西南西	11	●	西北西
24	◎	南西	12	◎	西北西

注：◎はくもり，●は雨を示している。

(1) 上の文の[　　]にあてはまる方位として最も適切なものを，あとの**ア～エ**から1つ選び，記号で答えなさい。

ア 南　西　**イ** 南　東　**ウ** 北　西　**エ** 北　東

記述 (2) 観測地点Xを前線が通過したと考えられる理由を，気象データに着目して，簡潔に書きなさい。

記述 (3) 6月から7月にかけて，日本付近には停滞前線ができる。その理由を，「気団」という語を用いて，簡潔に書きなさい。

記述 (4) 日本付近では，季節ごとの特徴的な天気がよく見られる。次の①，②の特徴的な天気が起こる理由を，それぞれ簡潔に書きなさい。

①春や秋は，晴れの日とくもりや雨の日が数日の周期でくり返される。
②冬は，北西からの季節風が吹く日が多くなる。

〔山　形〕

(1)		(2)		(3)	
(4)	①			②	

解答▶別冊 30 ページ

1 次の問いに答えなさい。　　　　　　　(2点×9－18点)

〔Ⅰ〕 図1のような装置をつくり，スイッチを入れ電流を流
した。磁石のまわりを拡大した模式図が図2である。この
とき，<u>コイルは少し動いて静止した。</u>また，電圧計，電流
計は，それぞれ8V，0.5Aを示していた。

〔図1〕 電源装置　スイッチ
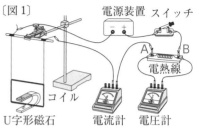
電熱線
コイル
U字形磁石　電流計　電圧計

(1) 図1で用いた電熱線の抵抗は何Ωですか。

(2) 図2で，磁石による磁界の向きと，コイルに流した電流のまわりの磁界
の向きを，**ア〜エ**よりそれぞれ1つずつ選び，記号で答えなさい。

〔図2〕
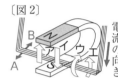
電流の向き

(3) 図1で，電源装置の電圧は変えないで，電熱線を抵抗の値の小さいもの
に変えて電流を流すと，コイルの動きは，はじめ(下線部)と比べてどう
なるか。簡潔に書きなさい。また動く向きは，A，Bのどちらか，記号で答えなさい。

〔Ⅱ〕 図3のようなコイルにN極をすばやく近づけると，検流計の針が右に振れた。〔図3〕
次の問いに，下の**ア〜カ**から選び，それぞれ記号で答えなさい。

〔図3〕
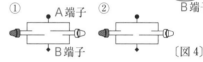
N極
A端子
B端子
検流計

(4) 右の①，②の回路を検流計とかえてA端子(─●)，B端子(─◆)に接続し，コイ
ルにN極をすばやく近づけた場合，赤(⬤)，黄(◖)
の発光ダイオードはどのようなつき方をしますか。

① 　　　A端子　　②
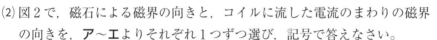
B端子

(5) 図4のように，アクリルの筒にコイルを巻き磁石を
入れて，(4)の①，②の回路を図4のA，B端子に接続し，筒を何度も強く振り，
コイルの中を往復させた場合，赤，黄の発光ダイオードはどのようなつき方をし
ますか。

〔図4〕

A端子
B端子

ア 赤だけがつく。　　　　**イ** 黄だけがつく。　　**ウ** 赤と黄が一緒につく。

エ どちらもつかない。　　**オ** 赤と黄が交互に点滅する。

カ 赤と黄が同時に点滅する。

(1)		(2)	磁石	電流	(3)	動き		向き
(4)	①		②		(5)	①		②

2 次の実験について，あとの問いに答えなさい。　　(2点×7－14点)

〔実験1〕 炭酸水素ナトリウムを試験管に入れ，図1のようにして
加熱すると，気体が発生し，試験管の口の部分には液体が生じた。
この気体を石灰水に通すと，石灰水は白く濁った。また，気体が
発生しなくなったとき，試験管には白い固体が残った。

〔図1〕 試験管

ガラス管
加熱する固体
石灰水

〔実験2〕 酸化銅と木炭の粉を混ぜて試験管に入れ，図1のようにし
て加熱すると，気体が発生した。この気体を石灰水に通すと，石灰水は白く濁った。また，
試験管内の黒色の酸化銅は赤褐色の銅に変わった。

(1) 実験1で試験管の口の部分に生じた液体を，塩化コバルト紙につけると，液体がついた紙の部

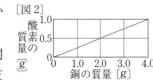

分は桃色(赤色)に変わった。この液体は何か。化学式で書きなさい。

(2) 実験1で試験管に残った白い固体を水に溶かし，BTB液を加えると，何色になるか。次の**ア**〜**エ**から適切なものを選んで，その記号を書きなさい。

ア 赤 色 **イ** 緑 色 **ウ** 黄 色 **エ** 青 色

(3) 図1に示す実験を安全に終えるためには，火を消す前に，必ず石灰水からガラス管を抜いておかなければならない。その理由を「先に火を消すと，石灰水が」に続けて書きなさい。

(4) 実験2で気体が発生したときの化学変化について，次の□に化学式を書き入れ化学反応式を完成させなさい。　　　$2CuO +$ ①□ $\longrightarrow 2Cu+$ ②□

(5) 実験2で酸化銅が銅に変化したように，酸化物から酸素がとり除かれることを何というか，書きなさい。

(6) 実験2で用いた酸化銅に含まれている銅の質量と酸素の質量との関係は，図2のとおりである。酸化銅3.5gのすべてを木炭の粉と反応させると，何gの銅ができるか。小数第1位まで求めなさい。

〔図2〕

(1)		(2)	(3) 先に火を消すと，石灰水が				
			(4) ① ┊ ②		(5)	(6)	

〔兵　庫〕

3 次の①，②の文を読んで，あとの問いに答えなさい。　　　　　　　（2点×4－8点）

①Aさんが廊下を歩いていると後ろから肩をたたかれたので，ふり返った。

②Aさんが校舎から運動場に出たとき，不意に何かが目の前を横切ったので，思わず目を閉じた。

(1) 右の図は，刺激による信号が神経を伝わって筋肉に伝えられるしくみを模式的に表している。Xは刺激を受けとる器官で，Yは反応が起こる器官である。また，a〜eは信号を伝える神経である。①の行動を行ったとき，信号が神経を伝わる道筋は，次の**ア**〜**エ**のうちのどれか。1つ選んで，その記号を書きなさい。

ア X→a→d→e→Y　　**イ** X→a→c→b→e→Y
ウ Y→e→d→a→X　　**エ** Y→e→b→c→a→X

(2) ②の行動のように，意識とは直接には関係なく，刺激を受けてすぐ反応が起こることを何というか。その名称を書きなさい。また，これとは異なり，意識をしたうえでの反応を，次の**ア**〜**エ**から1つ選んで，その記号を書きなさい。

ア 自転車に乗っていたとき，猫が飛び出したのですぐにブレーキをかけた。

イ 野外観察をしていたとき，鼻の中に小さな虫が入って，くしゃみが出た。

ウ 熱いやかんにさわったとき，思わず手を引っこめた。

エ 口に食べ物を入れると，ひとりでにだ液が出た。

(3) Aさんが，薄暗い校舎から明るい運動場に出たとき，目では，入ってくる光の量を調節するために，どのような反応が起こったか。簡単に書きなさい。

(1)	(2) 名称 ┊ 記号	(3)

〔香川－改〕

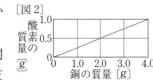

4 米の主成分であるデンプンの消化について調べた。あとの(1)〜(3)の問いに答えなさい。 (2点×5－10点)

〔実験〕 だ液のはたらきを調べるために，図1のように4本の試験管を用意した。数分間放置したあとに，A〜Dの液をそれぞれ半分ずつに分け，一方にはヨウ素液を加えた。もう一方にはベネジクト液を加えて加熱した。下の表は，その結果をまとめたものである。

(1) だ液のはたらきを調べる実験で，BやDのように，だ液を入れない実験をするのはなぜですか。

(2) Cの実験結果から，デンプンは何に変化したと考えられますか。また，A，Cの実験結果を比べて，どのようなことがわかりますか。

◆ヨウ素液を加えたときの結果

液	A	B	C	D
反応の有無	あり	あり	なし	あり

◆ベネジクト液を加えて加熱したときの結果

液	A	B	C	D
反応の有無	ややあり	なし	あり	なし

〔図1〕

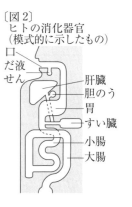

5℃のだ液　40℃のだ液
5℃の　　　　40℃の
デンプンのり　デンプンのり

5℃の水　A　B　C　D　40℃の水

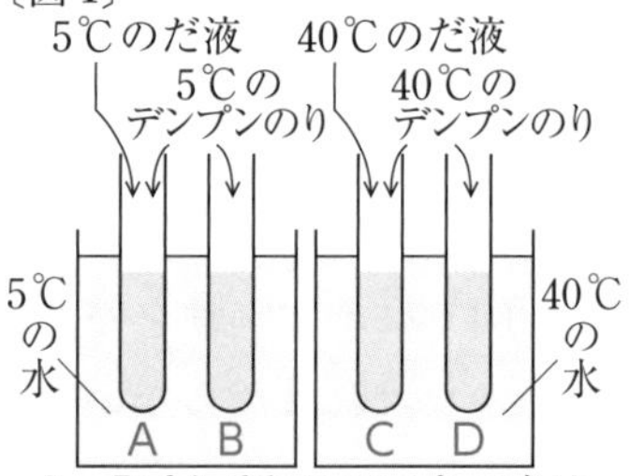

・A〜Dそれぞれのデンプンのりは，同じ量である。
・A，Cそれぞれのだ液は，同じ量である。
・B，Dには，それぞれ，だ液と同じ量の，5℃，40℃の水を加えた。

(3) デンプンは，だ液せんのほかに2つの消化器官から分泌される消化液によって，体内に吸収できる大きさの物質にまで分解される。

　①この2つの消化器官を，図2から選びなさい。

　②デンプンが分解されてできた物質は，どの消化器官から体内に吸収されるか。図2から選びなさい。

〔図2〕
ヒトの消化器官
（模式的に示したもの）
口
だ液せん
肝臓
胆のう
胃
すい臓
小腸
大腸

(1)			
(2)	変化したもの	わかること	
(3)	①	②	

〔群　馬〕

5 右の図は細胞のつくりを模式的に表したものである。次の問いに答えなさい。(2点×9－18点)

(1) 植物も動物も，栄養分(糖)を　a　を使って　b　と　c　に分解することにより，生命活動のエネルギーを得ています。

　①　a　〜　c　にあてはまる語を次のア〜オから選び，記号で答えなさい。

　　ア　光　　イ　酸素　　ウ　二酸化炭素　　エ　水　　オ　アンモニア

　②生物のこのはたらきを何といいますか。また，細胞のどの部分で行われているかA〜Fから選び，記号で答えなさい。

D — A
E — B
F — C

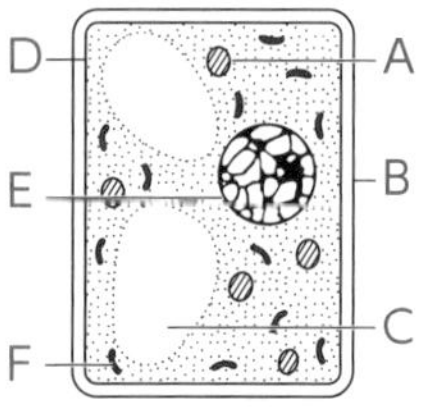

(2) 次の①，②にあてはまるものをA〜Fから選び，記号と名称を答えなさい。

　①ヒトの赤血球には含まれないが，白血球にはこの部分が含まれる。

　②甘い果実などの細胞では，この部分に糖分が多く含まれている。

(1)	①	a	b	c	②	はたらき	記号
(2)	①	記号	名称		②	記号	名称

6 気温 25℃の部屋の湿度を求めようとして、図 1 に示すような装置をつくった。ビーカーに水を入れ、少しずつ氷片を加え、温度が一定になるようによく水をかき混ぜながらビーカーの表面を観察した。しばらくすると、ビーカーの表面がくもり始めた。図 2 は、気温と飽和水蒸気量の関係を示したグラフである。これについて、次の問いに答えなさい。 (2点×5−10点)

〔図1〕

温度計　かき混ぜ棒　水と氷　ビーカー

〔図2〕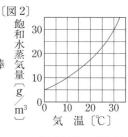

(1) ビーカーの表面がくもり始めたとき、温度計を見ると 10℃ だった。この部屋の湿度は約何％になるか。図 2 を参考にして、ア〜エから 1 つ選び、記号で答えなさい。

　ア 45%　　イ 55%　　ウ 65%　　エ 75%

(2) ビーカーがくもり始めたときの温度を何というか。名称を答えなさい。

(3) ビーカーの表面がくもり始めた理由を簡単に答えなさい。

(4) 図 3 はある山（高さ 2500 m）でフェーン現象が起こるメカニズムを示したものである。また表は、空気が 1 m³ 中に含むことのできる水蒸気量の温度による変化を示したものである。これらをよく見て次の問いに答えなさい。ただし、上昇する空気の温度は雲ができるまでは 100 m 上昇するごとに 1.0℃、雲ができてからは 100 m 上昇するごとに 0.6℃ 下がるものとして計算しなさい。今、A 地点での気温は 30℃、湿度は 75% だったとする。

〔図3〕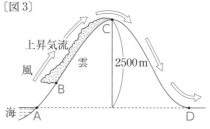

上昇気流　風　雲　C　2500m　B　海　A　D

　①雲ができる高さ（B 地点）は何 m ですか。

　②山越えをした空気（D 地点）の温度は何℃ですか。

温度〔℃〕	0	5	10	15	20	25	30	35	40
水蒸気量〔g/m³〕	4.8	6.8	9.4	12.8	17.3	22.5	30.0	39.5	51.1

(1)		(2)		(3)	
(4)	①		②		

7 オシロイバナを用いて実験をした。あとの問いに答えなさい。 (2点×4−8点)

〔実験〕　右の図のように、目盛りをつけた試験管に水を入れ、これに葉が 4 枚ついたオシロイバナの茎をさし、水面に油を浮かせたあと、綿をつめて固定する。これとほぼ同じものを A、B、C の 3 組用意した。A の葉 4 枚の表の面と B の葉 4 枚の表と裏の両面とにワセリンを塗り、塗った面からの気体の出入りが行われないようにした。C の葉 4 枚には何も塗らなかった。これらを日の出ごろから、風通しのよい窓ぎわに置き、葉に日光を十分にあてておいた。6 時間後、それぞれの試験管内の水の減少量を測定した。次に、A、B、C の葉を切りとり、ワセリンを塗った葉からはワセリンをとり除き、ヨウ素反応を調べた。右の表はこれらの結果を表したものである。

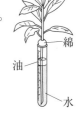

綿　油　水

	A	B	C
試験管内の水の減少量〔cm³〕	3.2	0.4	4.0
切りとった葉のヨウ素反応	あり	なし	あり

(1) ①実験の結果から、オシロイバナの葉の表の面からの蒸散量は、裏の面からの蒸散量と比べて

どのようであると考えられるか。次から選びなさい。

ア 裏の面より多い。　　**イ** 裏の面と同じ。　　**ウ** 裏の面より少ない。

②その主な理由を，葉のつくりから考えて書きなさい。

(2) ヨウ素反応の結果，AとCの葉ではある物質がつくられていた。この物質名を書きなさい。

(3) Bの葉では，ヨウ素反応を示す物質がつくられていなかった。次のうち，その理由として最も適当と考えられるものはどれですか。1つ選びなさい。

ア 葉の細胞の水が失われたため。　　**イ** 二酸化炭素がとり入れられなかったため。

ウ 酸素がとり入れられなかったため。　　**エ** 光が葉緑体まで達しなかったため。

〔大阪－改〕

8 右の図は，家の中にある部屋の配線のようすを示したものであり，蛍光灯は 100 V―60 W，電気ストーブは 100 V―1000 W，テレビは 100 V―120 W である。次の問いに答えなさい。　　(1点×6－6点)

(1) 蛍光灯・電気ストーブ・テレビの中で，最も電気抵抗が大きい電気器具はどれか。

(2) 蛍光灯・電気ストーブ・テレビのそれぞれに電流が流れているとき，図の×印の部分が切れたらどうなるか。次の**ア～エ**のうちから1つ選び，その記号を書きなさい。

ア 全部消える。　　**イ** 電気ストーブだけ消える。

ウ テレビだけ消える。　　**エ** テレビと電気ストーブが消える。

(3) 次の　　　内にあてはまる適当な用語や数字を書きなさい。

これらの電気器具を同じ時間用いた場合，最も多くの熱が発生する電気器具は　①　である。これは，同じ　②　のときの　③　の大きさが，最も大きいからである。

(4) この部屋の電気器具を2時間すべて使用したとき，電力量は何 Wh ですか。

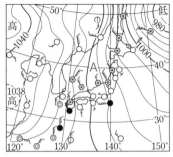

(1)		(2)		(3)	①		②		③		(4)	

〔大分－改〕

9 右の図は，ある日の日本付近の天気図である。次の問いに答えなさい。　　(2点×4－8点)

(1) 図の天気図の A 地点の風向・風力・天気を答えなさい。

(2) 図の気圧配置の特徴について正しく述べたものを次の**ア～エ**から選びなさい。

ア 日本付近には前線が停滞し，雨の日が続く。

イ 南高北低の気圧配置で，南東の季節風が吹く。

ウ 西高東低の気圧配置で，北西の季節風が吹く。

エ 移動性高気圧と温帯低気圧が交互にやってきて，天気は周期的に変化する。

(1)	風向	風力	天気	(2)

〔豊川・聖母学院高－改〕

解 答 編

第1章　電流とそのはたらき

1│回路と電流・電圧

Step A 解答

本冊▶p.2〜p.3

① 回路　② 回路図
③ ＋　④ −　⑤ 直列
⑥ 並列　⑦（右図）
⑧ 5 A　⑨ 500 mA
⑩ 50 mA　⑪ ＋　⑫ 直列
⑬ 350 mA　⑭ 300 V　⑮ 15 V
⑯ 3 V　⑰ ＋　⑱ 並列　⑲ 1.8 V　⑳ 回路
㉑ ア　㉒ ウ　㉓ エ　㉔ オ　㉕ カ　㉖ ア　㉗ イ
㉘ アンペア　㉙ 1000　㉚ 直列
㉛ $I_1 = I_2 = I_3 = I_4 = I_5$　㉜ 並列　㉝ $I_2 + I_3 + I_4$
㉞ 同じ　㉟ 和　㊱ 電圧　㊲ ボルト
㊳ $V = V_1 + V_2 + V_3$　㊴ $V = V_1 = V_2 = V_3$
㊵ 和　㊶ 電源電圧

⑦

解説

⑧〜⑩ 電流計の−端子は，まず 5 A の端子につなぎ，
指針の振（ふ）れが小さいときは，500 mA，50 mA の順
につなぎかえる。
⑪ ＋端子には電池の＋極側につないだ導線をつなぐ。
⑫ 電流計は回路に直列につなぐ。

Step B 解答

本冊▶p.4〜p.5

1 (1)① 直　② (豆)電球　③ スイッチ
　　④ 電気抵抗(抵抗)　⑤ 電流計(直流用)
　　⑥ 電圧計(直流用)
　(2)（図1）下図　（図2）下図

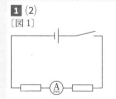

1 (2)
〔図1〕

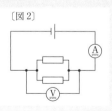

〔図2〕

---

2 (1)（右図）
　(2) エ
3 (1) 450 mA
　(2) 250 mA (0.25 A)
　(3) 4.0 V　(4) 4.0 V
4 (1)① ア　② イ　③ イ
　(2)① ウ，オ　② 0.7 V

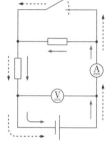

2 (1)
−極　＋極
A

解説

1 (2) 回路図の並列に接続した部分には・印を記す。
2 (1) A点における電流なので，A点と電流計の＋端
子を結線する。
(2) スイッチを入れないときの電
流を実線で，スイッチを入れ
たときの電流を点線で示した
のが右の図である。
スイッチを入れた場合は，抵
抗を1つだけ通るので，電流
は大きくなる。
3 (1) 電流計の−端子は，大きいほう(右)から 5 A，
500 mA，50 mA と覚えておく。
(2) 電熱線 B に 200 mA の電流が流れているので，「枝分
かれ後の電流の和は，分かれる前の電流に等しい」よ
り 450 mA − 200 mA ＝ 250 mA が電熱線 A に流れる。
(3) 並列回路なので，電源電圧＝各抵抗にかかっている
電圧の大きさになる。
4 (1) 発光ダイオードは，足の
長いほうから短いほうにだけ
電流が流れ，逆方向につない
でも電流は流れない。
モーターは，電流の向きが逆
になると，逆の向きに回転するようになっている。

−極　＋極
長い
電流

(2) 豆電球は，電流が大きい，電圧が大きいほど明るく
輝（かがや）く。乾電池（かんでんち）を仮に 1.5 V として考えると，a には
1.5 V，b には 1.5 V の半分の電圧が，また，c には
そのまま 1.5 V の電圧がかかっている。
　② で，b の電圧計の読みが，0.7 V になっているの
は，乾電池が 1.5 V より少しおとろえていたか，導線
(リード線)のつなぎ方に問題があったと考えられる。

ひっぱると、はずして使えます。

2 電流・電圧と抵抗

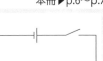

Step A 解答

本冊▶p.6～p.7

① (右図) ② (右下図)

③ 電圧 ④ オーム

⑤ a

⑥ ⑦ R, I (順不同)

⑧ V ⑨ R ⑩ V ⑪ I

⑫ オーム ⑬ 6.0 V

⑭ 0.20 A ⑮ 30

⑯ 15 V ⑰ 30 Ω

⑱ 0.50 ⑲ オーム

⑳ 2 ㉑ 4 ㉒ 6 ㉓ R_1

㉔ R_2 ㉕ 15 ㉖ 0.6

㉗ 0.2 ㉘ 0.8 ㉙ R_1

㉚ R_2 ㉛ 逆数 ㉜ 7.5

㉝ 小さい ㉞ 0 (ゼロ) ㉟ 導体 ㊱ 大きく

㊲ 不導体 ㊳ 比例 ㊴ 反比例 ㊵ 並列

㊶ 等しい

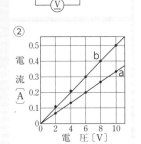

解説

① 電流計は回路に直列に,電圧計は回路に並列に接続する。

⑥～⑱ 電圧の単位のボルトは,検電器やボルタ電池の発明者である,アレクサンドロ・ボルタ(イタリアの物理学者,1745～1827年)。また,電流の単位アンペアは,アンペールの法則のアンドレ・マリー・アンペール(フランスの物理学者,1775～1836年)の名にそれぞれちなんでつけられた。抵抗の単位のオームも,電流と電圧の関係を示す,オームの法則の発見者,ジョージ・シモン・オーム(ドイツの物理学者,1789～1854年)の名に由来する。

ⓘ ここに注意

電熱線の直列つなぎ・並列つなぎの合成抵抗と電熱線の長さ・太さと抵抗の関係

・長さ10 cm,断面積1 mm²,抵抗値0.01 Ωのニクロム線を何本か用いて,2 Vの電圧をかける。

〈直列つなぎ〉合成抵抗は和

本数	抵抗値	長さ
1本	0.01 Ω	10 cm
2本	(0.01 × 2) Ω	20 cm
3本	(0.01 × 3) Ω	30 cm
⋮	⋮	⋮

⇨ 抵抗の直列つなぎは,「抵抗の大きさは抵抗の長さに比例する」に相当する。

〈並列つなぎ〉

本数	電流	抵抗値	断面積
1本	2 V ÷ 0.01 Ω = 200 A	0.01 Ω	1 mm²
2本	200 A × 2	(0.01 ÷ 2) Ω	2 mm²
3本	200 A × 3	(0.01 ÷ 3) Ω	3 mm²
⋮	⋮	⋮	⋮

断面積が2倍,3倍になると,抵抗値は $\frac{1}{2}$, $\frac{1}{3}$ になっている。

⇩

抵抗の並列つなぎは「抵抗の大きさは,断面積に反比例する」に相当する。

㉟～㊲ 導体と不導体の中間にあたるような抵抗をもつ物質を半導体といい,ゲルマニウム,ケイ素,酸化鉄,セレンなどがある。ダイオード,トランジスター,集積回路(IC),光電池などに広く利用されている。

Step B 解答

本冊▶p.8～p.9

1 (1) 1 A (2) 1.5 A

(3) 15 V (4) 3 V

(5) 12 Ω (6) 0 V

(7) 18 V

2 (1) (P) d

(Q) b

(2) 20 Ω (3) (右図)

(4) 1.5倍 (5) ウ

3 (1) 6 Ω (2) (右図)

(3) ① = ② <

③ <

(4) 25 cm

2 (3)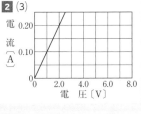

3 (2)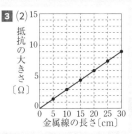

解説

1 (1) R_2 と R_3 は並列つなぎなので電圧は等しい。R_3 は R_2 の抵抗の半分なので,0.5×2=1〔A〕の電流が流れる。

(2) 枝分かれ部分で合流するので,0.5 A+1 A=1.5 A

(3) R_1=10 Ωの抵抗に,電流は(2)の1.5 A流れる。オームの法則より,V=10 Ω×1.5 A=15 V

(4) 0.5 A×6 Ω=3 V

(5) bg間の抵抗は,電圧が3 Vで,電流が1.5 Aなので,3÷1.5=2〔Ω〕 ag間では,10 Ωと2 Ωの直列つなぎになっているので,10+2=12〔Ω〕

(6) gh間には抵抗がなく,1.5 Aの電流が流れているの

で，$V=RI=0\ \Omega \times 1.5\ \text{A} =0\ \text{V}$　になる。

(7) ab 間の電圧は 15 V，bg 間の電圧は 3 V で，その和
　　が電源電圧になるので，$15\ \text{V} +3\ \text{V} =18\ \text{V}$

2 (2) $\dfrac{4.0\ \text{V}}{0.20\ \text{A}} =20\ \Omega$

(3) 図 3 より，0.2 A の電流が流れているとき，QR 間
　　にかかる電圧は，$6.0-4.0=2.0$〔V〕

　　QR 間の抵抗は，$\dfrac{2.0\ \text{V}}{0.2\ \text{A}} =10\ \Omega$

(4) PR 間のもとの抵抗は，$20+10=30$〔Ω〕
　　PR 間の新しい抵抗は，$10+10=20$〔Ω〕

　　よって，新しい PR 間の抵抗はもとの抵抗の$\dfrac{2}{3}$倍。し

　　たがって，同じ電圧をかけたときに流れる電流は$\dfrac{3}{2}$倍。

(5) **ア**－全体の抵抗は 2 倍。（長さに比例）

　　イ－全体の抵抗は$\dfrac{1}{2}$倍。（断面積に反比例）

　　エ－抵抗の小さいほうに強い電流が流れる。

3 (1) $\dfrac{0.9\ \text{V}}{0.15\ \text{A}} =6\ \Omega$

(2) 表より，金属線の長さと抵抗の大きさの関係は，次
　　のようになる。

　　抵抗の大きさ〔Ω〕$=0.3\times$金属線の長さ〔cm〕

(3) ① 直列回路では，電流の大きさは回路のどの部分
　　でも同じである。

　　② 表より，金属線 a の抵抗は 4.5 Ω，金属線 b の
　　抵抗は 9 Ω である。これより図 2 の回路全体の合成
　　抵抗は，$4.5\ \Omega +9\ \Omega =13.5\ \Omega$となる。電源電圧が

　　1.8 V なので，$I_2=\dfrac{1.8\ \text{V}}{13.5\ \Omega} =0.13\cdots\text{A}$となる。図 3

　　の金属線 a，b にはそれぞれ 1.8 の電圧が加わる

　　ので，$I_3=\dfrac{1.8\ \text{V}}{9\ \Omega} =0.2\ \text{A}$となる。

　　③ I_4 は，金属線 a，b に流れる電流の大きさの合
　　計になる。

(4) 図 3 の回路全体の合成抵抗の逆数は，$\dfrac{1}{4.5} +\dfrac{1}{9} =\dfrac{1}{3}$

　　より，合成抵抗は 3 Ω となる。電源電圧が 1.8 V な

　　ので，$I_4=\dfrac{1.8\ \text{V}}{3\ \Omega} =0.6\ \text{A}$となる。これより，長さが

　　わからない金属線の抵抗は，$\dfrac{4.5\ \text{V}}{0.6\ \text{A}} =7.5\ \Omega$となり，

　　(2)で求めた金属線の長さと抵抗の大きさの関係か
　　ら，金属線の長さは 25 cm となる。

Step **C-①**　**解答**　　本冊▶p.10～p.11

1 (1) ウ　(2) 250 mA　(3) 24 Ω

2 (1) ① 0.2 A

② （電熱線X）15 Ω　（回路全体）45 Ω

③ 13.5 V

(2) ① ($R_2:R_3=$) 2：1

② 12 Ω

3 (1) 5 A　(2) 2 A

(3) 30 V　(4) 5 A

4 (1) 10 Ω

(2) （右図）

(3) エ，ウ，ア，イ

4 (2)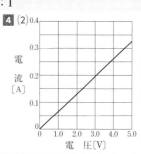

解説

1 (1) 抵抗器 a の抵抗の大きさを r〔Ω〕とすると，

図の回路の合成抵抗の逆数は$\dfrac{1}{r} +\dfrac{1}{r} =\dfrac{2}{r}$より，合成

抵抗は，$\dfrac{r}{2}$〔Ω〕となる。電圧計の値が 3.0 V で，電
流計の値が 500 mA（0.5 A）なので，回路全体で次
の式がなりたつ。

$\dfrac{r}{2}$〔Ω〕$=\dfrac{3.0\ \text{V}}{0.5\ \text{A}}$

これより，$r=12\ \Omega$となる。

(2) 抵抗器 b を外したあとの電流の大きさは，$\dfrac{3.0\ \text{V}}{12\ \Omega}$

$=0.25\ \text{A}$となる。これより，(ⅰ)の結果より 250 mA
小さくなったことがわかる。

(3) 抵抗器 a に流れる電流は，$\dfrac{3.0\ \text{V}}{12\ \Omega} =0.25\ \text{A}$とな

る。電流計の値は，(ⅱ)の 1.5 倍なので，(2) より
$0.25\ \text{A} \times 1.5=0.375\ \text{A}$となり，抵抗器 c に流れる電
流は $0.375\ \text{A} -0.25\ \text{A} =0.125\ \text{A}$となる。これより，

抵抗器 c の抵抗は，$\dfrac{3.0\ \text{V}}{0.125\ \text{A}} =24\ \Omega$となる。

2 (1) ① $\dfrac{6.0\ \text{V}}{30\ \Omega} =0.2\ \text{A}$

② $\dfrac{3.0\ \text{V}}{0.2\ \text{A}} =15\ \Omega$，全体の抵抗は $30+15=45$〔Ω〕

③ 電源装置の電圧を x〔V〕とすると，
　　$6.0:9.0=9.0:x$　$x=13.5$〔V〕

(2) ① 並列つなぎでは，電流は抵抗に反比例する。

② $\dfrac{9.0\ \text{V}}{0.75\ \text{A}} =12\ \Omega$

3 (1)(2) $R_1 \cdot R_2$ を流れる電流は，$\dfrac{90\ \text{V}}{(15+30)\ \Omega} =2\ \text{A}$

$R_3 \cdot R_4$ を流れる電流は，$\dfrac{90\ \text{V}}{(10+20)\ \Omega} =3\ \text{A}$

(3) R_3 の両端の電圧は，$3\ \text{A} \times 10\ \Omega =30\ \text{V}$

(4) R_1 と R_3 を並列につないだ合成抵抗は 6 Ω，R_2 と
　　R_4 を並列につないだ合成抵抗は 12 Ω，

3

全体の抵抗 $=6+12=18$〔Ω〕

よって，流れる電流は，$\dfrac{90\,\text{V}}{18\,\Omega}=5\,\text{A}$

4 (1) S_1 のみを入れたときの，電圧と電流の関係より
求める。電圧が 1.0 V のとき電流は 0.1 A なので，
電熱線 X の抵抗は，$\dfrac{1.0\,\text{V}}{0.1\,\text{A}}=10\,\Omega$ となる。

(2) S_3 のみを入れたときの結果から，電熱線 Y の抵抗は，
$\dfrac{1.0\,\text{V}}{0.05\,\text{A}}=20\,\Omega$ となる。S_1 と S_3 を入れると，電熱
線 Z，Y の並列回路となり，合成抵抗の逆数は $\dfrac{1}{60}+$
$\dfrac{1}{20}=\dfrac{1}{15}$, 回路全体の抵抗は 15 Ω となる。これより，
電圧と電流の関係は次のようになる。

$$電流〔A〕=\dfrac{電圧〔V〕}{15\,\Omega}$$

(3) 回路に加わる電圧の大きさが一定のとき，回路全体
の抵抗の大きさが小さいほど，回路に流れる電流の
大きさは大きくなる。回路全体の抵抗の大きさは，
電熱線を直列につなぐと大きくなり，並列につなぐ
と小さくなる。それぞれの場合の，回路全体の抵抗
の大きさは，**ア**…60 Ω，**イ**…80 Ω，**ウ**…20 Ω，**エ**
…15 Ω となる。

3 | 電流の利用

Step A　**解答**

本冊▶p.12～p.13

① （下図）　② （下図）

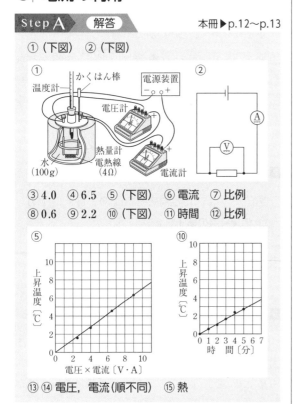

③ 4.0　④ 6.5　⑤ （下図）　⑥ 電流　⑦ 比例

⑧ 0.6　⑨ 2.2　⑩ （下図）　⑪ 時間　⑫ 比例

⑬ ⑭ 電圧，電流（順不同）　⑮ 熱

⑯ ワット　⑰ 1　⑱ I　⑲ V

⑳ 時間　㉑ ワット時　㉒ P　㉓ t

㉔ 10　㉕ 10　㉖ 100　㉗ 0.5　㉘ 25　㉙ 300

㉚ 1　㉛ カロリー　㉜ 電流　㉝ 電圧

㉞ 時間　㉟ s　㊱ 240000　㊲ 1200

㊳ 1176　㊴ 逃げた

解説

① 計器の＋端子は電源の＋極側につなぐ。電圧計は回
路に並列に，電流計は回路に直列に接続する。

㉔・㉕ 100 V － 1000 W の器具は，100 V の電圧をかけ
たときのみ，電力 1000 W の能力を出す。この器具
に 100 V の電圧をかけると，電流は $I〔A〕=\dfrac{1000\,\text{W}}{100\,\text{V}}$
$=10\,\text{A}$ になる。

この器具の抵抗は，$R〔Ω〕=\dfrac{100\,\text{V}}{10\,\text{A}}=10\,\Omega$ と求める
ことができる。

（$P=\dfrac{V^2}{R}$ より $R〔Ω〕=\dfrac{100^2\,\text{V}}{1000\,\text{W}}=10\,\Omega$ としても求め
られる。）

⚠ ここに注意

オームの法則をはじめとする公式は，ひとまとめ
にして覚えよう。

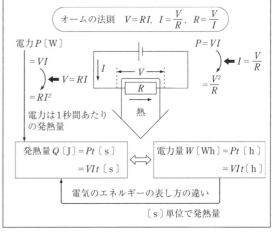

㊲ 12 ページの実験 1 の表の③ を用いて，電熱線から
の発熱量は，$4.0\,\text{W}\times5\times60\,\text{s}=1200\,\text{J}$ となる。

㊳ 100 g の水の上昇温度が 2.8℃ なので，水が得た熱量
は，$4.2\,\text{J}\times2.8℃\times100\,\text{g}=1176\,\text{J}$

㊴ $1200\,\text{J}-1176\,\text{J}=24\,\text{J}$ の熱が逃げたことになる。

Step B-① 解答

1 (1) (右図)
(2) イ
(3) ① Z
② 比例

2 (1) (水槽1 : 水槽2=)2：1
(2) 2.0 V
(3) 2.0 Ω
(4) 2.25 W
(5) 1350 J
(6) 3.2℃

3 (1) 4 Ω
(2) ① 比例
② 大き
(3) (右図)
(4) 2分後

1 (1)
水の上昇温度〔℃〕／電圧をかけ始めてからの時間〔分〕

3 (3)
水の上昇温度〔℃〕／電熱線の電力〔W〕

解説

1 (1) 表1の値は「水の温度」だが，グラフの縦軸は「水の上昇温度」を表している。それぞれ，もとの水の温度である 27.7℃ からの上昇温度を表せばよい。

(2) 表1より，電圧をかける時間が1分長くなるごとに，水の温度は 0.8℃ 上昇することがわかる。電圧をかけ始めてから6分30秒後の水の温度は，27.7℃ +0.8℃ / 分 ×6.5分 =32.9℃ となる。

(3) ① 表2より，電熱線の X，Y，Z の抵抗は，次のようになる。

電熱線X… $\dfrac{6\,V}{1.00\,A}=6\,Ω$

電熱線Y… $\dfrac{6\,V}{1.40\,A}=4.28\cdots Ω$

電熱線Z… $\dfrac{6\,V}{2.50\,A}=2.4\,Ω$

② 電熱線において，5分間に消費される電力は，電圧が一定のとき電流に比例する。電熱線 X，Y，Z で5分間に消費される電力は，次のようになる。

電熱線X… 6 V×1.00 A×300 s=1800 J
電熱線Y… 6 V×1.40 A×300 s=2520 J
電熱線Z… 6 V×2.50 A×300 s=4500 J

また，電熱線 X，Y，Z における，5分後の水の上昇温度は，次のようになる。

電熱線X… 31.7℃ −27.7℃ =4.0℃
電熱線Y… 33.4℃ −27.8℃ =5.6℃
電熱線Z… 37.5℃ −27.5℃ =10℃

電熱線 X，Y で比べると，5分間に消費される電力が 1.4 倍になると水の上昇温度も 1.4 倍になっていることがわかる。ほかの組み合わせで比べても，同じように比例の関係にあることがわかる。

2 (1) 上昇温度(発熱量)の比は並列つなぎなので，抵抗の逆数の比になる。よって，抵抗の比は 2：1

(2) 抵抗の比が 2：1 なので，水槽3の電熱線にかかる電圧は，$3.0\,V×\dfrac{2}{3}=2.0\,V$

(3) 1.0 V で 0.50 A 流れている。$\dfrac{1.0\,V}{0.50\,A}=2.0\,Ω$

(4) 電流×電圧 = $\dfrac{3.0\,V}{4.0\,Ω}×3.0\,V=\dfrac{9}{4}=2.25\,W$

(5) $\dfrac{3.0\,V}{2.0\,Ω}×3.0\,V×5×60\,s=1350\,J$

(6) 2.25 W×10×60 =1350 J の発熱量で，水の質量が 100 g から，
1350÷4.2÷100 =3.21… → 3.2〔℃〕

3 (1) 電力〔W〕=電圧〔V〕×電流〔I〕より，このときに流れる電流は，$\dfrac{4\,W}{4\,V}=1\,A$ となる。よって，電熱線 A の抵抗は，$\dfrac{4\,V}{1\,A}=4\,Ω$ となる。

(3) 図2の電熱線 A，B，C の結果より，4 W で 2℃，8 W で 4℃，16 W で 8℃，水の温度が上昇することがわかる。

(4) 抵抗が一定のとき，電圧を2倍にすると電力は 2^2 倍になる。電圧が 4 V のときの水の上昇温度は，電流を流す時間を x〔分〕とすると 0.25x〔℃〕と表すことができ，電圧が 8 V のときの水の上昇温度は x〔℃〕と表すことができる。いま，8分後の水の上昇温度が 6.5℃ なので，電圧を変えたのを y 分後とすると，次のようにして求めることができる。
0.25y+8 −y=6.5
y=2

Step B-② 解答

1 (1) 5 Ω (2) 1152 J (3) (記号) イ (値) 12 V
(4) 10368 J (5) ア

2 (1) 同じ (2) ③ (3) 13分47秒

3 (1) 電流計に電流が流れすぎて，こわれないようにするため。 (2) (記号) ① (単位) J
(3) 6 Ω (4) 2700 J (5) 10℃
(6) (電力量) 4.5 Wh (上昇温度) 45℃

4 (1) ア (2) (B) 72 Wh (C) 96 Wh

解説

1 (1) $\dfrac{4\,\mathrm{V}}{0.8\,\mathrm{A}} = 5\ \Omega$

(2) 発熱量 Q 〔J〕$= VIt = 4 \times 0.8 \times 6 \times 60 = 1152$〔J〕

(3) S_2 は閉じていないので,電熱線 A,B は直列つなぎになる。よって,電源電圧は,各抵抗にかかる電圧の和になる。

(4) S_2 だけ閉じているので,電熱線 A にかかる電圧は 12 V(実験 I で,合成抵抗が $5+10=15$〔Ω〕,電流が 0.8 A より,$15 \times 0.8 = 12$〔V〕の電源電圧であった。)

抵抗が 5 Ω より,$Q = \dfrac{V^2}{R} \times 6 \times 60 = \dfrac{12^2 \times 6 \times 60}{5} = 10368$〔J〕

〔別解〕 (2)に比べて,電圧が 3 倍,電流が 3 倍になるので,$1152\,\mathrm{J} \times 3 \times 3 = 10368\,\mathrm{J}$ と考えてもよい。

(5) 実験 II では,電圧 12 V,電流 0.8 A,抵抗 15 Ω,実験 III では,電圧 12 V,電流 2.4 A,抵抗 5 Ω より,電流が 3 倍になるので,上昇温度も 3 倍(同じ時間 6 分なので)になり,$3℃ \times 3 = 9℃$ 上昇している**ア**のグラフ。

2 (1) すべてが 1 Ω の抵抗で,②にも 1 A の電流が流れるので,電圧も同じだから,電力を求める公式 $P = VI$ で同じである。

(2) 電力なので,電流と電圧に注目する。①は 1 V,1 A,②は 2 V,1 A,③は 0.5 V,1 A なので,電力が最小なのは③である。

(3) $Q = VIt$ より,$2\,\mathrm{V} \times 1\,\mathrm{A} \times t$〔s〕$= 1654\,\mathrm{J}$

$t = 827$ 秒 $= 13$ 分 47 秒

3 (1) 電流計の抵抗は非常に小さいので,端子の表示よりも大きい電流を流すとこわれる。

(2) 熱量については,1 J = 約 0.24 cal でカロリーの単位もある。1 cal = 約 4.2 J で,水 1 g の温度を 1℃ 上昇させることのできる熱量である。

(3) 6 V － 6 W,$P = VI$ より,$I = 1$ A となり

$\dfrac{6\,\mathrm{V}}{1\,\mathrm{A}} = 6\ \Omega$

(4) $Q = 9\,\mathrm{W} \times 5 \times 60\,\mathrm{s} = 2700\,\mathrm{J}$

(5) 6 V － 6 W の電熱線 P は 4 分で 4℃ 上昇,発熱量(上昇温度)は電力に比例するので,

$4℃ \times \dfrac{15\,\mathrm{W}}{6\,\mathrm{W}} = 10℃$ 上昇する。

(6) 電力量〔Wh〕= 電力〔W〕× 時間〔h〕

$18\,\mathrm{W} \times \dfrac{15}{60}\,\mathrm{h} = 4.5\,\mathrm{Wh}$

上昇温度は,時間にも比例しているので,電熱線 R

は 5 分で 15℃ 上昇,$15℃ \times \dfrac{15\,分}{5\,分} = 45℃$ 上昇する。

4 (1) 発熱量は電力に比例するので,A は C に比べて,電流は $\dfrac{1}{2}$,電圧は $\dfrac{1}{2}$ となるから,全体で $\dfrac{1}{4}$ になる。

(2) B:電流は 2 A,電圧は,$24\,\mathrm{V} \times \dfrac{9}{12} = 18\,\mathrm{V}$

電力量〔Wh〕$= 18\,\mathrm{V} \times 2\,\mathrm{A} \times 2\,$時間 $= 72\,\mathrm{Wh}$

C:B と同様に,$24\,\mathrm{V} \times 2\,\mathrm{A} \times 2\,\mathrm{h} = 96\,\mathrm{Wh}$

4 | 静電気と電流

Step A **解答**

本冊▶p.18〜p.19

① 静電気 ② はく検電器 ③ 閉じている
④ 開く ⑤ 閉じる ⑥ 引き合う ⑦ 反発し合う
⑧ ⑨ ＋,－(順不同) ⑩ 電子 ⑪ － ⑫ ＋
⑬ 不導体(絶縁体) ⑭ － ⑮ 放電 ⑯ 電子
⑰ B ⑱ 電流 ⑲ 静電気 ⑳ 電子 ㉑ －
㉒ ＋ ㉓ 反発し合う ㉔ 引き合う ㉕ b
㉖ 引き合う ㉗ c ㉘ 放電 ㉙ (真空)放電
㉚ 電子 ㉛ X 線 ㉜ 透過 ㉝ 放射性物質
㉞ 放射能 ㉟ 被ばく ㊱ 医療

解説

⑩ 摩擦を受けた物質に生じる静電気の＋・－の種類は,すべて電子の移動が原因である。原子の中の＋の電気をもつ原子核中の陽子 1 個の質量は,電子の約 1836 倍もあるので物体から飛び出し,移動したりしない。

㉙ 蛍光灯なども管内を電子が移動することによって発光している。また,金属では,右の図のように,原子から離れ自由に動き回る電子(自由電子)があり,金属の両端に電圧を加えると(下の図),電子が＋極に引かれ移動する。この電子の流れが

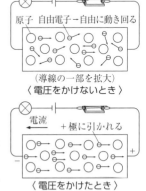

原子 自由電子ー自由に動き回る
(導線の一部を拡大)
〈電圧をかけないとき〉

電流
＋極に引かれる
〈電圧をかけたとき〉

電流である。電流の向きは,電流の本体が何であるかわからなかった時代に決められたため,電子の流れる向きと逆になった。

Step B　解答　　本冊▶p.20～p.21

1 (1) ひもに静電気が生じ，互いに反発し合い広がる。 (2) ① 引き合う　② 異なる種類の　③ 反発し合う　④ 同じ種類の

2 (1) ① 同数（同じ量）　② いない　③ －　④ －　⑤ ＋　⑥ －　⑦ －　⑧ ＋　⑨ 異なる（違う）
(2) ウ　(3) ① ウ　② 放電

3 (1) －　(2) ③ 反発し合う力　④ 引き合う力
(3) 重力（磁力）
(4) 雷（火山噴火のときのいなずま）

4 (1) 電子が移動したから（電気が流れたから）。
(2) アルミニウム板が＋に帯電していたから。
(3) アルミニウム板は，Aでは＋にBでは－に帯電していたので，電子の移動が逆になったから。

解説

1 2種類の物質を摩擦すると，一方の物質から他方の物質に－の電気が移動して静電気が生じる。同種の電気どうし→しりぞけ合う，異種の電気どうし→引き合う。

2 (1) －の電気をもった粒は電子のことで，この電子の移動で物体は電気を帯びる。
(2) －の電気を帯びたエボナイト棒を金属板（導体）に接触させると，－の電気をもった粒（電子）が金属板に移り，その後はくまで移動し，はくは－の電気を帯び，しりぞけ合って開く。
(3) 空間を一瞬の間に電気が流れることが放電で，不導体を破って流れるときには，音，火花（いなずま）をともなう。

3 (4) 雷は，雲にたまった電気の放電現象である。雲の中で上昇気流が起こり，水や氷の粒が上昇するとき，空気などとの摩擦によって静電気が生じ，水や氷の粒でできている雲は多量の静電気を帯びる。
　また，火山の噴火で，火山灰が吹き上げられたとき，摩擦によって火山灰が静電気を帯び，放電することがある。

4 (1) 静電気が起こるのは，電子が移動するからである。
(2) ネオン管は－極側が光る。
(3) こすり合わせる物質の性質の違いにより，＋に帯電するか－に帯電するか決まっている。
　実験結果より，ナイロン→アルミニウム→ラップフィルム（ポリ塩化ビニリデン）の順で＋に帯電しやすいことがわかる。

Step C-②　解答　　本冊▶p.22～p.23

1 (1) (R_1) 9 Ω　(R_2) 60 Ω　(2) 0.45 倍
(3) 3 倍　(4) 1 倍　(5) 10 V　(6) 0.6 倍

2 (1) ① －　② ＋　③ －
(2) ① エ　② ア　③ オ

3 (1) 98 W
(2) 5880 J
(3) 17640 J
(4) $(T=)\dfrac{Q}{420}$
(5) ①（右図）
② $(T=)\dfrac{1400}{m}$
③ 2倍，3倍になる。
④ 15℃

3 (5)①

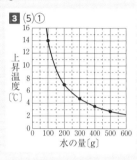

解説

1 a，b，c，d点を流れる電流の大きさはすべて等しい。
(1) 電圧 V〔V〕は同じ，電流も同じなので，抵抗値も同じ。
図2：$R_1+11=20$ より，$R_1=9$〔Ω〕
図3：$\dfrac{1}{R_2}+\dfrac{1}{30}=\dfrac{1}{20}$ より，$R_2=60$〔Ω〕
(2) 電流は同じ，電圧は，図1は V〔V〕より，図2の R_1 に加わる電圧は，$\dfrac{9}{9+11}V$〔V〕$=\dfrac{9}{20}V$〔V〕になるので，
$\dfrac{9V}{20}\div V=\dfrac{9}{20}$倍 $=0.45$〔倍〕
(3) 電圧は同じなので，図1の電流と R_2 を流れる電流より，$\dfrac{V}{20}\div\dfrac{V}{60}=3$〔倍〕
(4) 図3の合成抵抗も20 Ω，電圧は V〔V〕なので，図1の消費電力と等しい。
(5) 図4より，d点を流れる電流を求める。図4での合成抵抗は，右の図より，

並列部分は，
$\dfrac{1}{R}=\dfrac{1}{20}+\dfrac{1}{30}$
$R=12$ Ω
合成抵抗は，$2+12+6=20$〔Ω〕
流れる電流は，$\dfrac{10\text{ V}}{20\text{ Ω}}=0.5$ A

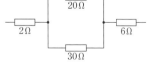

図1も0.5A流れるので，$V = 0.5A \times 20\,\Omega = 10V$

(6)(5)より並列部分の合成抵抗は12Ω，電力 $P = VI$ より，$P = RI^2$ と表せるので，電流は同じだから，電力は抵抗に比例する。$12\,\Omega \div 20\,\Omega = 0.6$ 倍

2 (1)すべての物体は原子からできていて，原子は，原子核(+の電気をもった陽子と電気をもっていない中性子からなる)とそのまわりをとり巻く電子(-の電気をもつ)からできている。ふつう原子は，陽子の数(+)と電子の数(-)が同じで電気的に中性である。それゆえ，原子からできている物体も電気的に中性になっている。

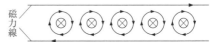

電子(-) 陽子(+)
中性子 (-)電子

2種類の物体をこすり合わせると，負の電気，すなわち電子が他方の物体に移動する。

電子を受けとったほうの物体は-の電気を帯び，電子が出ていったほうの物体は+の電気を帯びることになる。

(2)① ポリエチレンの電気クラゲは，-の電気を帯び，しりぞけ合って開いている。

電気をためたバンデグラフに人が手をふれると，人も電気を帯び，同種の電気なので髪の毛が反発し合い逆立つ。

② 電気クラゲを手の上にのせると，電気クラゲの-の電気による静電誘導により+の電気が手の表面に現れ，引き合う。

水も表面に電気が現れやすく，プラスチックと逆の電気が水の表面に現れ，ものさしのほうに水が引かれる。

③ 静電気が流れる放電現象である。雷も放電現象である。

3 (1)$P = VI = \dfrac{V^2}{R}$ より，$14V \times \dfrac{14V}{2\,\Omega} = 98W$ となる。

(2)$98W \times 60s = 5880J$

(3)$98W \times 180s = 17640J$

(4)図2のグラフより，5分間加熱したときの水の上昇温度は70℃である。5分間加熱したときに得られる熱の量は $98W \times 300s = 29400J$ になることから，水を1℃上昇させるのに必要な熱の量は $\dfrac{29400J}{70℃} = 420J/℃$ となる。よって，$T = \dfrac{Q}{420}$ と表すことができる。

(5)② 水の上昇温度は，水の量に反比例していることがわかる。

③ ②の比例定数は1400である。加熱時間が2分

間のときは $T = \dfrac{2800}{m}$，加熱時間が3分間のときは $T = \dfrac{4200}{m}$ となる。

④ 加熱時間が3分間のときの関係式は，$T = \dfrac{4200}{m}$ と表される。水の量が280gなので，$T = \dfrac{4200}{280} = 15$ より，上昇温度は15℃となる。

5 電流による磁界

Step A 解答
本冊 ▶ p.24〜p.25

① 磁界 ② 磁力線 ③ 磁界の向き ④ N
⑤ S ⑥ 強 ⑦ 磁界 ⑧ 電流 ⑨ 磁力線
⑩ ◀ ⑪ ▶ ⑫ ▶ ⑬ ◀
⑭ 棒磁石 ⑮ 平行 ⑯ N ⑰ S ⑱ ア ⑲ 磁石
⑳ 電流 ㉑ 強め ㉒ 弱め ㉓ 力 ㉔ 磁力線
㉕ 直線 ㉖ 同心円 ㉗ 逆(反対) ㉘ 同じ
㉙ 強め ㉚ 弱め ㉛ 密 ㉜ N ㉝ ア
㉞㉟ コイルの巻き数，電流の大きさ(順不同)
㊱ 強く ㊲ 磁界 ㊳ 逆(反対) ㊴ 大きく
㊵ 磁界 ㊶ モーター(電動機) ㊷ 整流子
㊸ ア ㊹ エ ㊺ カ ㊻ 逆(反対)

解説

② 磁力線は交わったりすることはないので，かくときには注意すること。

⑦ 電流のつくる磁界は，直線電流がつくる磁界が基本である。コイルでは次の図のようになる。

⊗ 表面から裏面へ
電流が流れる。

磁力線

1本，1本の直線電流による磁界が重なり合って磁界ができる。

㉑㉒ 磁力線は右の図のようになり，電流は，密な左側から右向きに力を受ける。

⊙は裏面から表面の向きに電流が流れることを表す。

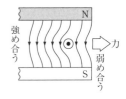

N
強め合う
力
弱め合う
S

ここに注意

電流が磁界から受ける力の向きは, 磁界の強い(磁力線が密)ほうから磁界の弱い(磁力線が疎)ほうへはたらく。

●フレミングの左手の法則で調べることもできる。

左手を右の図のようにして, 電流の向き(中指), 磁界の向き(人さし指)にあてはめると, 親指のさす向きが, 電流が磁界から受ける力の向きとなる。

人さし指(磁界)
中指(電流)
親指(力)

Step B 解答　　本冊▶p.26〜p.27

1 (1) AとG, BとF, CとE

(2)(a) N　(b) S　(c)せまく

(3) コイルに流れる電流を大きくする。
(磁力の強い磁石に変える。コイルの巻き数をふやす。)

2 (1) ア>イ>ウ

(2) (右図)

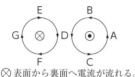

(2)
電線a
磁力線
N極

3 (1) エ

(2) 電源装置の＋と－端子を逆にして接続する。
U字形磁石のN, S極の上下を逆にする。

(3)① イ　② ア

(4) 電流を流すとアルミニウム棒は磁界から上向きの力を受け, 上がる。上がると鉄の棒から離れ電流が流れなくなり, 重力によりアルミニウム棒が落ちる。このくり返しで振動現象を起こす。

4 (1) ア　(2) b

解説

1 (1) 右の図のように作図してみる。(電流の向きはわからないので適当に決める。)

E　B
G⊗　⊙A
D
F　C

⊗ 表面から裏面へ電流が流れる。
⊙ 裏面から表面へ電流が流れる。

(3) コイルに流れる電流を大きくすることが述べられていればよい。具体的には, 電熱線の抵抗を小さいものにする, 電源の電圧を大きくするなど。また, 磁石を強いものに変えたり, コイルの巻き数をふやし

てもよい。

2 (1) 右の図よりアが最も強い。

ア⊙イウ
右側の電流による磁界

3 (1) 紙面の表面から裏面へ電流が流れているので, 右ねじの法則からエ点では, 上向きの磁界ができる。磁石による磁界は上向きである。

(3) 抵抗を直列つなぎにすると, 合成抵抗はそれぞれの抵抗値の和となり, 電流は小さくなる。並列つなぎでは, 合成抵抗は1つの抵抗の抵抗値より小さくなり, 電流は大きくなる。

4 (1) 直線電流の右ねじの法則に合わせて考える。

(2) 導線Aがつくる磁界によって, イ側が強め合い, エ側が弱め合うように電流が流れている。それは, 導線Bに流れる電流の向きと同じ向きのときである。

6 電磁誘導と発電

Step A 解答　　本冊▶p.28〜p.29

① 検流計　② 右　③ 大きく　④ ウ　⑤ コイル
⑥ 強く　⑦ 上　⑧ 誘導電流　⑨ N　⑩ ア
⑪ 弱く　⑫ 下　⑬ S　⑭ イ　⑮ a　⑯ b
⑰ 誘導　⑱ 向き　⑲ 交流　⑳ 大きさ　㉑ 直流
㉒ 電流　㉓ 電磁誘導　㉔ 誘導電流　㉕ イ
㉖ エ　㉗ イ　㉘ エ　㉙ ア　㉚ ウ　㉛ S　㉜ S
㉝ S　㉞ 誘導電流　㉟ ＋　㊱ 磁界
㊲ 誘導電流　㊳ S　㊴ N　㊵ 回転
㊶ 電磁誘導　㊷ 交流　㊸ 光る　㊹ 直流

解説

⑧ 誘導電流は, コイル内の磁界の変化を妨げる磁界ができるような向きに流れ, 磁界の変化が大きいほど誘導電流は大きくなる。

ここに注意　誘導電流を大きくする方法

①磁石を速く動かす。
②磁力の強い磁石を使う。
③コイルの巻き数をふやす。

⑱ コイルに近づく磁石の極が変わると, 誘導電流の向きが変わる。

Step B 解答
本冊▶p.30〜p.31

1 (1) **イ**　(2) (現象) 電磁誘導　(記号) **ウ**
　(3) コイルの中で磁界の強さが変化するから。

2 (1) 左に振れる。　(2) **ウ**

3 (1) **イ，エ**　(2) コイルをはやく動かす

4 (1) 電磁誘導　(2) (図2) **ウ**　(図3) **ア**
　(3) **g，c**

解説

1 (1) 右ねじの法則から考える。
(2) 電磁誘導によって生じる電流を誘導電流という。
(3) 誘導電流は，磁界の変化によって生じる。

2 (1) 棒磁石のN極を近づけたときと，反対向きに誘導電流が流れる。
(2) Aからコイル上を通過するまでは，棒磁石のN極がコイルに近づくので，実験1と同じように検流計の針は右に振れる。通過後は，棒磁石のN極がコイルから遠ざかるので，実験1とは反対向きに誘導電流が流れ，検流計の針は左に振れる。

3 (1) 表より，コイルを棒磁石のN極に近づけると検流計の針は右に振れる。これと同じ磁界の変化をするものを選べばよい。**ア**と**ウ**は，検流計の針は左に振れる。
(2) 磁界の変化が大きくなると，誘導電流も大きくなる。

4 (2)・(3) 図2…N極が上のコイルに近づき，次の瞬間には遠ざかっていくところであり，電流の向きが**イ**から**ア**へ変わるときであるから，電流は流れない。
図3…上のコイルで，N極が遠ざかりS極が近づき出す。このとき，磁界の変化が最も大きいので，誘導電流が**ア**の向きに最も大きくなる。
　また，磁石のN極が**g**にくるとき，**イ**の向きに最も大きい誘導電流が流れる。

Step C-③ 解答
本冊▶p.32〜p.33

1 (1) 実験1　(2) **ウ**　(3) **イ**
　(4) 電流の向きが変わる

2 (1) **エ**　(2) **ウ，ア，イ，エ**

3 (1) 右に振れる　(2) 大きくした　(3) 下向き
　(4) 左向き

解説

1 (1) 実験1のほうが実験2よりも，コイルに流れる電流が大きい。コイルに流れる電流が大きいほど，コイルは大きく動く。
(2) 実験2では，抵抗の大きさが2倍になっているので，流れる電流の大きさは $\frac{1}{2}$ になっている。電流の大きさをそろえるには，実験1の電流の大きさを $\frac{1}{2}$ にすればよい。ほかの選択肢の場合，次のようになる。
　ア…実験2の電流の大きさは0.25Aなので，実験2よりも大きく動く。
　イ…コイルの動く向きが反対になる。
　エ…コイルの動く向きが反対になる。
(3) フレミングの左手の法則を使って求められる。

2 (1) 表より，銅線の振れた角度が8°になるのは，電流の大きさが $\frac{2\,\mathrm{V}}{8\,\Omega} = 0.25\,\mathrm{A}$ のときである。電源の電圧が6Vのとき銅線の振れた角度が8°になるのは，$\frac{6\,\mathrm{V}}{0.25\,\mathrm{A}} = 24\,\Omega$ のときである。
(2) 銅線に流れる電流が大きいほど，銅線が受ける力は大きくなる。抵抗が小さいほど電流は大きくなるので，抵抗の小さいものから順に並べる。**ウ**の合成抵抗は2.6…Ω，**エ**の合成抵抗は12Ωとなる。

3 まず，＋端子へ電流が流れる導線を確認しておく。題意より右の図のようになる。

下向きの磁界が強くなるので，上向きの磁界ができるように誘導電流が流れる。
＋端子へ

(1) N極を近づけることとS極を遠ざけることは同じ結果になる。
(2) 導線ABに流れる電流によってできる磁界の向きは，コイルの内側を下から上へつらぬく向きである。これは，下からN極を近づけたことと同じで，導線のA→Bへ強く電流を流せば磁界が変化し，コイルには最初と逆向きに電流が流れ，検流計の指針は左にふれる。
(3) ＋端子側に電池の＋極を接続するから，上の図で電流の向きを逆にして考えれば，磁界の向きは下向きになる。
(4) Bのほうから見ると右の図のようになる。導線ABの右側では強め合い，左側では弱め合っている。
表面⇩裏面へ流れる。
力
コイルの磁界

7 物質の分解

Step A 解答   本冊▶p.34～p.35

① 銀 ② 酸素 ③ 水上置換 ④ 銀 ⑤ 酸素
⑥ 水 ⑦ 二酸化炭素 ⑧ 濃い赤 ⑨ 水
⑩ 二酸化炭素 ⑪ ガラス管 ⑫ 水素 ⑬ 燃える
⑭ 酸素 ⑮ 線香は激しく ⑯ 2:1 ⑰ 電流
⑱ ⑲ 水素，酸素(順不同) ⑳ 炭酸ナトリウム
㉑ 塩化コバルト紙 ㉒ 水 ㉓ 石灰水
㉔ 二酸化炭素 ㉕ 木炭(炭) ㉖ 分解
㉗ 化学変化 ㉘ 電気分解 ㉙ 酸素 ㉚ 水素
㉛ 2 ㉜ 塩素 ㉝ 銅 ㉞ 二酸化炭素 ㉟ 水素
㊱ 酸素 ㊲ 銅 ㊳ ㊴ 銀，塩素(順不同)

解説

⑥ 試験管で固体を加熱する場合，炭酸水素ナトリウムのように液体(水)が発生することがあるので，必ず試験管の口を底より下げるようにする。これは，「発生した液体(水)が試験管の加熱部にもどり，試験管が割れるのを防ぐため」である。

⑧ フェノールフタレイン液は，アルカリ性でのみ赤色に変化し，中性や酸性では無色のままである。

⑫・⑭ ピンチコックでゴム管を閉じたまま電流を流すと，発生してくる水素・酸素によってH字管内の圧力が高くなり，ゴム栓を飛ばし危険である。

㉞～㊴ 純粋な物質は，1つの成分(原子)からなる単体と，まだ分解できる2つ以上の成分(原子)からなる化合物(二酸化炭素，炭酸ナトリウム，水など)に分類される。

Step B 解答   本冊▶p.36～p.37

1 (1) 炭酸水素ナトリウム
　(2) (気体名) 酸素　(物質名) 銀
　(3) 二酸化炭素　(4) 分解
2 (1) 石灰水が試験管Xに逆流して割れる危険があるので，ガラス管を石灰水から抜いたあとに火を消す。
　(2) ウ　(3) ぬるぬるする。
3 (1) 電流を流しやすくするため。
　(2) (A:B=) 2:1
　(3) (A) 水素　(B) 酸素　(電極) -極
　(4) イ　(5) (A:B=) 1:1
4 (1) 実験で液体が生じた場合に，液体が加熱部

分に流れないようにするため。
　(2) ア
　(3) 試験管Aに入っていた空気が多く含まれるため。

解説

1 試験管Aは，加熱前後で白色から判断する。Bは砂糖(白から炭化して黒色)，Cは炭素(二酸化炭素を発生，炭素が残っている状態)，Dは酸化銀(石灰水が白濁しない。二酸化炭素が発生せず酸素と銀(白色)に分解)，Eは鉄(酸素と反応して黒色の酸化鉄ができた)である。

2 (1) 先に火を消すと試験管Xの中の圧力が下がり，石灰水が逆流し，試験管Xが割れることがある。

(2) 塩化コバルト紙は，水にぬれると青から赤に変化する。

(3) 加熱後に残る炭酸ナトリウムはアルカリ性なので，ぬるぬるした感触がある。

3 (5) 実験を開始して3分後，Aの試験管にはグラフより$15cm^3$の水素がたまり，Bの試験管には$7.5cm^3$の酸素がたまる。さらに3分後，Aの試験管には$7.5cm^3$の酸素が，Bの試験管には$15cm^3$の水素がたまる。結果として，A，Bそれぞれに$22.5cm^3$の気体がたまる。

4 (1) 発生した水が加熱部分に流れると，試験管が割れることがある。

(2) 試験管Aの中には，銀が残る。

8 物質と原子・分子

Step A 解答   本冊▶p.38～p.39

① 固体 ② 液体 ③ 気体 ④ 化学変化
⑤ 酸素 ⑥ 二酸化炭素 ⑦ 水素 ⑧ 水
⑨ 酸化銀 ⑩ 酸化銅 ⑪ 二酸化硫黄
⑫…⑤，⑦ ⑬…⑥，⑧，⑩，⑪
⑭ 原子 ⑮ 原子の種類 ⑯ 1 ⑰ 2 ⑱ O_2
⑲ NaCl ⑳ CO_2 ㉑ 原子番号 ㉒ 元素記号
㉓ 分子 ㉔ 原子 ㉕ 分割する ㉖ 質量
㉗ 1億 ㉘ 元素記号 ㉙ 分子 ㉚ 水素原子
㉛ H ㉜ 酸素 ㉝ 鉄 ㉞ C ㉟ 銅 ㊱ 塩素
㊲ 単体 ㊳ 化合物 ㊴ H_2O ㊵ CO_2
㊶ Cl_2 ㊷ Cu ㊸ 混合物 ㊹ 単体 ㊺ 化合物
㊻ (イ)，(エ)，(オ)，(キ) ㊼ (ウ)，(ア)，(カ)，(ク)

④ 状態変化は，物質の性質を示す最小の粒の分子自身が変化しないので，化学変化ではなく，物理変化という。水の電気分解は，原子のモデルでイメージしておこう。

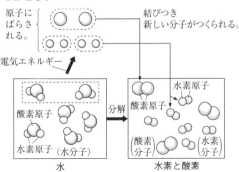

原子にばらされる。
結びつき新しい分子がつくられる。
電気エネルギー
酸素原子
水素原子（水分子）
水
分解
水素原子
酸素原子
（酸素分子）
（水素分子）
水素と酸素

⑫・⑬ 単体は1種類の原子からなる物質，化合物は2種類以上の原子からなる物質である。

㉓ 分子は物質の性質を表す最も小さい粒と定義されるが，分子をつくらない物質もある。例えば，塩化ナトリウムは上図のように Na（●）と Cl（○）の各原子が交互に結びついている。酸化銅や金属も分子をつくらない。塩化ナトリウムは●○を単位として NaCl とかく。また，酸化銅は CuO と表す。金属は原子1個を代表させ，鉄は Fe，銀は Ag と示す。

Step B 解答　本冊▶p.40〜p.41

1 (1) C, D, G (2)（記号）G（化学式）H_2
(3)（記号）C（化学式）Cu
2 (1) ウ (2) オ (3) ウ (4) ア
3 (1)① H ② O (2) 右側 (3) 原子番号 (4) 16
4 (1)(A) HCl (B) H_2O (C) CO_2 (D) O_2
(2) イ

1 (1) A〜Gの化学反応式は，次の通りである。
A…$3Fe + 2O_2 \longrightarrow Fe_3O_4$
B…$2Cu + O_2 \longrightarrow 2CuO$
C…$2CuO + C \longrightarrow 2Cu + CO_2$
D…$C_2H_6O + 3O_2 \longrightarrow 2CO_2 + 3H_2O$
E…$Fe + S \longrightarrow FeS$
F…$2NaHCO_3 \longrightarrow Na_2CO_3 + H_2O + CO_2$
G…$Zn + H_2SO_4 \longrightarrow ZnSO_4 + H_2$
2 (2) $CaCO_3 + 2HCl \longrightarrow CaCl_2 + CO_2 + H_2O$
(3) Aの実験では二酸化炭素が発生し，空気中へ逃げる

ため軽くなる。
Bの実験ではスチールウールが酸素と結びつくために重くなる。

3 (4) 酸素原子1個の質量は 2.66×10^{-23} g（10^{-23} とは，$\dfrac{1}{10}$ を23回かけるという意味），炭素原子1個の質量は 1.99×10^{-23} g である。したがって，
2.66×10^{-23} g ÷ 1.99×10^{-23} g ＝ 1.336⋯
であり，酸素原子1個の質量は炭素原子1個の質量の約1.34倍となる。すなわち，酸素の原子量は，
$12 \times 1.34 = 16.08$
小数第1位を四捨五入すると，16である。

4 HCl は塩化水素で，この水溶液を塩酸という。塩酸の化学式も HCl で表す。

Step C-① 解答　本冊▶p.42〜p.43

1 (1) 水上置換法
(2) 試験管Aに入っていた空気が多く含まれるため。
(3)（記号）イ，ア
（理由）試験管Aに水槽の水が逆流するから。
(4) 水 (5) アルカリ性 (6) H_2O, CO_2
2 (1)（●）酸素原子　（○）水素原子 (2) 水素
(3) ●● (4)（A：B＝）2：1
(5)（右図）
(6)(A) Cu
(B) Cl_2

2 (5)
●○●○ → ○○ ●● ＋ ○○
電気分解
電極A側　電極B側

3 (1) エ
(2) 2倍になる。

1 (1) 水上置換法は，水に溶けにくい気体を集めるのに適している。
(4) 塩化コバルト紙は水の検出によく用いられる。
(5) フェノールフタレイン液は，アルカリ性かどうかを見分ける指示薬である。
(6) 炭酸水素ナトリウムを熱分解すると，炭酸ナトリウム，二酸化炭素，水ができる。
2 (5) 水素や酸素は，原子2個が結びついて，分子1個になる。水素は，水1分子から1分子できるので，水素分子は4個できる。
(6) 電気分解したとき，金属が－極に析出する。
3 (1) 単体とは，1種類の原子からできている物質で

ある。2種類以上の原子からできている物質は，化合物という。

ア…硫化鉄ができる。

イ…硫酸バリウムの沈殿ができる。

ウ…水ができる。

エ…銅と二酸化炭素ができる。銅は単体である。

(2) 表より，酸化銀の質量が 2.00 g → 4.00 g と2倍になると，残った固体の質量は 1.86 g → 3.72 g と2倍になることがわかる。

9 化学変化と化学反応式

Step A 解答

本冊▶p.44～p.45

① 酸素　② 酸化鉄　③ 引きつけられる　④ 水素
⑤ 引きつけられない　⑥ 腐卵臭　⑦ 硫化鉄
⑧ 酸素　⑨ 酸化銅　⑩ ○○　⑪ ○○
⑫ O₂　⑬ 2CuO　⑭ 酸化銅　⑮ 銅
⑯ ○○　○○　⑰ ○○○　⑱ 2CuO　⑲ 2Cu
⑳ 鉄　㉑ 酸素　㉒ 酸化鉄　㉓ 酸素
㉔ 酸化マグネシウム　㉕ 金属
㉖ 化合物　㉗ 酸化　㉘ 酸化物　㉙ 酸化
㉚ 乳ばち　㉛ 硫化鉄　㉜ 磁石　㉝ 硫化水素
㉞ 硫化銅　㉟ 組み合わせ　㊱ なくなっ
㊲㊳ 種類，数(順不同)　㊴ FeS　㊵ O₂
㊶ 2H₂O　㊷ 2H₂　㊸ 2Ag₂O

解説

㉛ 鉄と硫黄の反応は，一部が赤く反応したら加熱するのをやめる。発生した熱によって反応が続いていくためである(発熱反応)。

Step B 解答

本冊▶p.46～p.47

1 (1) イ　(2) 硫化鉄　(3) Fe+S ⟶ FeS
(4) ア

2 (1) 2Mg+O₂ ⟶ 2MgO
(2)① ○○　② ●
　　　○○

3 (1)① ア　② ケ　(2) 試験管A　(3) 試験管B

4 (A) ア　(B) エ

解説

1 (1) 混合物の上部を加熱するようにする。下部を加熱すると，熱が底にこもり，反応が全体に広がらない。
(2) 鉄と硫黄が結びついて，硫化鉄ができる。

(3) 鉄，硫黄，硫化鉄の化学式はそれぞれ，Fe，S，FeS である。

(4) 試験管Aでは，鉄とうすい塩酸が反応して，水素が発生する。試験管Bでは，硫化鉄とうすい塩酸が反応して，硫化水素が発生する。それぞれ，化学反応式で表すと，次のようになる。
　　試験管A…Fe+2HCl ⟶ FeCl₂+H₂
　　試験管B…FeS+2HCl ⟶ FeCl₂+H₂S

2 (1) マグネシウム，酸素の化学式は，Mg，O₂ である。
(2)① 白い物質は，酸化マグネシウムである。
　② 黒い物質は，炭素である。

3 (1)① 鉄(金属)は無機物である。
　　② Cu…銅，Fe…鉄，N…窒素
(2) 試験管Aの鉄は，磁石に引きつけられる。試験管Bの硫化鉄は，磁石に引きつけられない。
(3) 試験管Aは水素が発生し，試験管Bは硫化水素が発生する。水素は無臭で，硫化水素には特有のにおいがある。

4 有機物であるエタノールを燃焼させると，二酸化炭素と水ができる。左辺と右辺のそれぞれの原子の数が等しくなるようにすればよい。また，酸素は原子ではなく分子で存在している。

10 酸化・還元と熱

Step A 解答

本冊▶p.48～p.49

① 酸素　② 鉄(粉)　③ 酸化鉄　④ 熱
⑤ 上がる　⑥ 酸化　⑦ 燃焼　⑧ 銅
⑨ 二酸化炭素　⑩ 酸化　⑪ 還元　⑫ 二酸化炭素
⑬ 放出　⑭ 発熱　⑮ アンモニア　⑯ 吸収
⑰ 吸熱　⑱ 酸化　⑲ 酸化物　⑳ 燃焼　㉑ 酸化
㉒ 酸素　㉓ 酸化　㉔ 酸素　㉕ 二酸化炭素
㉖ 銅　㉗ 還元　㉘ 酸化　㉙ H₂　㉚ H₂O
㉛㉜ 放出，吸収(順不同)　㉝ 発熱　㉞ 熱
㉟ 上がる　㊱ 発熱　㊲ 下がる　㊳ 吸収
㊴ 吸熱

解説

㊱ 熱の発生，吸収は化学変化において起こる現象であり，熱とは言葉を変えるとエネルギーである。エネルギーとは，ものを動かしたり，変形させたりする能力のことで，例えば，ガソリンは燃焼(発熱反応)して自動車を動かせるから，熱もエネルギーといえる。また，光は，太陽電池で電気(これもエネルギー)

に変え，モーターを回すことができる。化学変化で熱を発生するとき，その物質はエネルギーをもっていることになり，物質のもっているエネルギーを化学エネルギーという。水の化学変化を通して考えてみると，右の図のように模式的に，化学変化をかける。

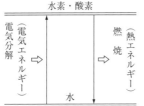

水は電気エネルギーを得て水素・酸素に変化した。水素・酸素は水よりも多くのエネルギーをもっていることになる。だから，水素と酸素の反応で水ができるとき，多くもっていたエネルギー（これが化学エネルギー）が熱の形で発生するわけである。

鉄の燃焼では，（鉄＋酸素）が酸化鉄よりも多い化学エネルギーをもっていると考えればよい。

Step B 　解答 　　　本冊▶p.50～p.51

1 (1)1.5g 　(2)20 個
2 (1)ウ 　(2)○●○ 　(3)カ
3 (1)NH_3 　(2)① イ 　② エ 　③ カ
　(3)ア，ウ，エ
4 (1)$2H_2+O_2 \longrightarrow 2H_2O$
　(2)上がる 　発熱反応 　(3)1:16 　(4)ア，エ

解説

1 (1)グラフから，銅1.2gと反応した酸素の質量は，0.3gである。したがって，できた酸化銅の質量は，1.2g＋0.3g＝1.5g
(2)酸素分子1個は，酸素原子2個が結びついてできたものである。
2 (1)a，c，dはいずれも金属の性質である。
(2)化学反応式は，次のようになる。
　$2CuO+C \longrightarrow 2Cu+CO_2$
(3)実験1から，酸化銀のほうが還元されやすく，銅は銀より酸化されやすいことがわかる。また，実験2から炭素より酸化銅のほうが還元されやすく，炭素は銅より酸化されやすいことがわかる。
3 (1)化学反応式は，
　$2NH_4Cl+Ba(OH)_2 \longrightarrow BaCl_2+2H_2O+\underline{2NH_3}$
で，NH_3 はアンモニアの化学式である。
(2)吸熱反応の代表的な化学変化である。
(3)アは水と激しく反応する発熱反応。イは分解するまで，外部より熱を与え続ける必要があるので，吸熱

反応である。熱分解の反応は吸熱反応である。ウは食塩水は鉄粉が酸化しやすくするために加えている。エは $HCl+NH_3 \longrightarrow NH_4Cl$ と反応，塩化アンモニウムの白煙を生じ，温度が上がる。オの吸熱反応は，出題は少ないが覚えておこう。
4 (3)H_2 　224mL ⇒ 0.02g 　112mL ⇒ 0.01g
　O_2 　112mL ⇒ 0.18 − 0.02＝0.16g
　よって 0.01:0.16＝1:16
(4)アはアンモニア発生の吸熱反応の代表的なもの。
　イは，硫黄と鉄の化合で発熱反応。
　ウは，鉄の燃焼で酸化鉄のできる発熱反応。
　エは，酸化銀の熱分解なので吸熱反応。

11│ 化学変化と物質の質量

Step A 　解答 　　　本冊▶p.52～p.53

① 二酸化炭素 　② 質量保存の法則
③ 酸素 　④ 酸化銅 　⑤ 0 　⑥ 0.1 　⑦ 0.2
⑧ 0.3 　⑨ 0.4 　⑩（下図） 　⑪（下図） 　⑫ 4:1

⑩
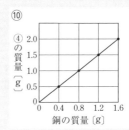

⑪
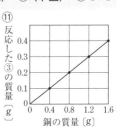

⑬ 一定である（決まっている） 　⑭ 白 　⑮ 450
⑯ 大きく 　⑰ 変わらない
⑱ ⑲ 種類，数（順不同） 　⑳ 0.4 　㉑ 2.0 　㉒ 3:2
㉓ 40 　㉔ 7 　㉕ 140 　㉖ 14 　㉗ 水素 　㉘ 一定
㉙ 一定

解説

⑭ $H_2SO_4+Ba(OH)_2 \longrightarrow BaSO_4+2H_2O$
発熱反応で，硫酸バリウム（$BaSO_4$）の白い沈殿ができる。
⑮ 物質の出入りがないので，全体の質量は変わらない。
㉔ グラフが水平になると気体の発生がとまり，化学変化は起こっていない。グラフは，塩酸 $10cm^3$ とマグネシウムリボン7cmが完全に反応することを示している。

Step B 解答

1 (1) **ウ, ア, イ**

　(2) ① **ア**　② **0.4**

2 (1) **1.50 g**

　(2) **10 cm³**

　(3) **2.75 g**

3 (1) **イ**

　(2) ① ② **(右図)**

　(3) **カ**

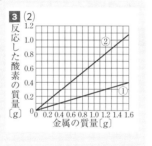

3 (2)

縦軸: 反応した酸素の質量〔g〕

横軸: 金属の質量〔g〕

解説

1 (1) スチールウールを燃焼させると, 酸素と結びついて質量が大きくなる。木片を燃焼させると, 二酸化炭素が発生するので質量が小さくなる。

(2) 鉄と硫黄は 7:4 の質量比で過不足なく反応することから, 硫黄 3.2 g と過不足なく反応する鉄は 5.6 g となる。

2 (1) うすい塩酸に炭酸カルシウムを加えると, 二酸化炭素が発生する。反応前の全体の質量と反応後の全体の質量の差が, 発生した二酸化炭素の質量となる。これをまとめると, 次の表のようになる。

ビーカー	A	B	C	D	E
反応前の質量〔g〕	75.19	75.50	75.76	76.94	76.68
反応後の質量〔g〕	74.97	75.06	75.10	76.28	76.02
発生した二酸化炭素の質量〔g〕	0.22	0.44	0.66	0.66	0.66

ビーカー C は炭酸カルシウムがすべて反応しているが, 炭酸カルシウムが溶け残ったビーカー D, E と同じ質量の二酸化炭素が発生しているので, うすい塩酸と炭酸カルシウムが過不足なく反応したことがわかる。

(2) うすい塩酸 15 cm³ と炭酸カルシウム 1.50 g が過不足なく反応する。炭酸カルシウム 2.50 g をすべて反応させるのに必要なうすい塩酸を x 〔cm³〕とすると, 次のようになる。

$15 : 1.50 = x : 2.50$　$x = 25$ 〔cm³〕

ビーカー E にはうすい塩酸がもともと 15 cm³ 入っているので, あと 10 cm³ 追加すればよいことがわかる。

(3) うすい塩酸と炭酸カルシウムが過不足なく反応するとき, 炭酸カルシウムと発生する二酸化炭素の質量比は 1.5:0.66 となる。貝殻中に含まれる炭酸カルシウムの質量を y〔g〕とすると, 次のようになる。

$1.5 : 0.66 = y : 1.21$　$y = 2.75$ 〔g〕

3 (1) 実験での注意事項は次のようになる。

ア…古い粉末は酸素と反応している場合があるので, 新しいものを使用する。

イ…始めは弱火で銅のかたまりができないようにかきまぜながら熱し, その後, 強火にする。

ウ…うすく広げることで, 均一に熱が伝わりやすくなる。

エ…有毒ガスが発生したり, ガスが漏れたりした際に危険なので, 実験中は換気を行う。

(2) 加熱後の物質は, もとの物質よりも質量が大きくなり, 反応した酸素の質量分だけ質量が大きくなる。

(3) 酸素 0.20 g と反応するのは, 銅は 0.80 g, マグネシウムは 0.30 g である。

Step C-② 解答

1 (1) **硫化鉄**　(2) **5.6 g**　(3) **イ**　(4) **イ**

2 (1) ① **発生**　② **発熱**　(2) **ア, イ**

　(3) (例) ガスコンロ…ガス(メタンガス)が酸素と反応する

　(例) 加熱用品(発熱パック)…酸化カルシウムが水と反応する

3 (1) (銅:酸素 =) **4:1**　(2) **(下図)**

　(3) (M:酸素 =) **7:2**

4 (1) **2CuO+C ⟶ 2Cu+CO₂**

　(2) **還元**

　(3) **0.6 g**

　(4) **3.2 g**

　(5) **6.7 g**

　(6) **1.6 g**

　(7) **1.1 g**

3 (2)

縦軸: 反応した酸素の質量〔g〕

横軸: 銅の質量〔g〕

解説

1 (2) 求める鉄粉の質量を x〔g〕とすると,

硫化鉄:鉄 = (7 + 4) : 7 = 8.8 : x

$x = 5.6$〔g〕

2 (1) 温度が上がったのだから, 発熱反応である。

発熱反応　物質A＋物質B ⟶ 物質C＋熱

吸熱反応　物質X＋物質Y＋熱 ⟶ 物質Z

の式で表される。

(2) **ウ** の反応は酸とアルカリの中和で, 中和熱が発生する。

ア，イの吸熱反応は覚えておこう。

3 (1)酸化銅の質量と銅の質量の差が，反応した酸素の質量である。

(2)銅の質量が0.8gのとき酸素の質量が0.1gの点を通る直線を引けばよい。

(3)実験1で考えると，4Mの質量は1.40g，3O₂の質量が0.60gとなり，次のようになる。

$$M:O=\frac{1.40}{4}:\frac{0.60}{6}=7:2$$

4 (1)酸化銅の化学式はCuOである。

(2)酸化物が酸素を奪われる反応を還元という。

(3)グラフより，反応させる炭素の質量が6.0g以上では，炭素の質量がふえると加熱後の固体の質量がふえている。これは，反応しなかった炭素があることを示している。

(4)化学反応式より，炭素原子1個で銅原子が2個生成されることがわかる。このときの質量比は，C：2Cu＝12：128である。グラフより，反応した炭素の質量は0.3gなので，生成した銅の質量をx〔g〕とすると，次のようになる。

$0.3:x=12:128$　　$x=3.2\,g$

(5)化学反応式より，炭素原子1個で銅原子2個と二酸化炭素分子1個が生成されることがわかる。このときの質量比は，12：128：44である。このことから，炭素0.1gを加えると，銅$\frac{16}{15}$gと二酸化炭素$\frac{11}{30}$gが生成されることがわかる。もとの酸化銅の質量が8.0gなので，加熱後に残る酸化銅の質量は，

$(8.0\,g+0.1\,g)-(\frac{16}{15}\,g+\frac{11}{30}\,g)=6.66\cdots g$となる。

(6)炭素0.9gを加えたとき酸化銅はすべて反応しているので，もとの酸化銅に含まれる酸素原子の質量と発生する二酸化炭素に含まれる酸素原子の質量は等しい。Cu：O＝64：16より，酸化銅に含まれる酸素原子の質量は，$8.0\,g\times\frac{16}{80}=1.6\,g$となる。

(7)加えた炭素の質量が0.4gのとき，炭素はすべて反応している。加えた炭素の質量と発生した二酸化炭素に含まれる酸素原子の質量の比は12：32となり，酸素原子の質量をy〔g〕とすると，次のようになる。

$12:32=0.4:y$　　$y=1.06\cdots g$

第3章　生物のからだのつくりとはたらき

12 生物と細胞

Step A　解答　　　　　　　　本冊▶p.58～p.59

① 液胞　② 細胞膜　③ 核　④ 細胞壁
⑤ 葉緑体　⑥ 細胞質　⑦ ミトコンドリア
⑧ 酢酸カーミン液(酢酸オルセイン液)
⑨ 組織　⑩ 器官　⑪ 個体(生物体)　⑫ 茎
⑬ 根　⑭ 葉脈　⑮ 細胞　⑯ 遺伝子　⑰ 核
⑱ 細胞質　⑲ 細胞膜　⑳ 生命　㉑ 呼吸
㉒ 調節　㉓ 光合成　㉔ 葉緑体　㉕ 液胞
㉖ 細胞壁　㉗ 単細胞生物　㉘ 多細胞生物　㉙ 形
㉚ 組織　㉛ 器官　㉜ 個体(生物体)　㉝ 器官
㉞ ㉟ 葉，花(順不同)

解説

② 細胞膜は，細胞の中への水や塩類，養分の出入りを調節する。水やブドウ糖などの小さい粒(分子)は通すが，デンプンのように大きい粒は通さない。もちろん酸素，二酸化炭素は通す。

⑥ 細胞質は水，タンパク質が主成分である。

⑦ 細胞に必要なエネルギーは，このミトコンドリアの内部でつくられている。すなわち内呼吸の場である。

⑰ 核の中には，酢酸カーミン液に赤色に染まる染色体があり，この染色体に遺伝子(親から子に伝える形質を決定する原型。デオキシリボ核酸：DNA)が含まれる。

Step B　解答　　　　　　　　本冊▶p.60～p.61

1 (1)ウ，ア，イ，エ　(2)① 核　② 染色体
(3)図1の細胞は植物細胞で細胞壁をもっていて，図2の細胞にはない。

2 (1)① エ　② ウ　③ イ　④ オ　⑤ ア
(2)③，④，⑤　(3)④
(4)酢酸カーミン液(酢酸オルセイン液)

3 ① ク　② エ　③ オ　④ ア　⑤ ケ　⑥ イ

4 (1)短くなる。(近くなる。)　(2)気孔
(3)染色液を滴下したプレパラートは核が染色されている。
(4)① 核　② 葉緑体　③ 細胞壁　④ 液胞

解説

1 (2)① 細胞の中にあって，染色液によく染まる丸い粒は核。② 細胞分裂のときに核の中に現れるひ

16

も状のものが染色体。その数は生物の種類によって
決まっている。

(3) 細胞壁は植物細胞特有のつくりである。動物細胞の
　いちばん外側にあるのは細胞膜である。

2 (2) 動物細胞には，細胞壁・葉緑体・液胞がない。

(3) 葉緑素(クロロフィル)が含まれているので緑色に見
　える。

3 何の細胞の図か，わかるようにしておくとよい。

　② は単細胞生物で，ほかにアメーバ，ミドリムシ
　がある。

　③ は白血球である。赤血球も覚えておくとよい。

　⑤ は葉緑体のないタマネギの表皮の細胞である。
　カナダモなどの葉緑体が見られる細胞もある。

　⑥ はツユクサの葉の裏側の表皮にある，気孔のま
　わりの孔辺細胞である。

4 (1) 顕微鏡の倍率を高くすると，視野はせまく，暗
　くなることもおさえておくこと。

(3) 染色液は核を赤色に染め，観察しやすくするのが目
　的である。

(4) 動物細胞には，細胞壁・葉緑体・液胞がない。

13 根・茎・葉のはたらき

Step A　解答　　　本冊▶p.62〜p.63

① 師管　② 道管　③ 主根　④ 側根　⑤ ひげ根
⑥ 散在　⑦ 輪状　⑧ 道管　⑨ 師管　⑩ 葉脈
⑪ 平行　⑫ 網状　⑬ 表皮　⑭ 道管　⑮ 師管
⑯ 気孔　⑰ 孔辺細胞　⑱ 孔辺細胞　⑲ 裏
⑳ 蒸散　㉑ 吸水　㉒ 葉緑体　㉓ 根毛　㉔ 水
㉕ 養分　㉖ 主根　㉗ 側根　㉘ ひげ根
㉙ からだを支える　㉚ 道管　㉛ 師管　㉜ 内側
㉝ 外側　㉞ 維管束　㉟ 輪状(規則的)
㊱ ばらばら(不規則)　㊲ からだを支える
㊳ 光合成　㊴ 酸素　㊵ 気孔　㊶ 蒸散

解説

⑧・⑨ 茎の維管束の道管や
師管は，根，葉へと連続
してつながっている。根・
茎においては，道管が中
心部に近い側，師管が表
皮に近い側に配置されて

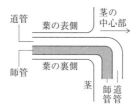

いる。また，葉の葉脈では，右の図のように，管を
連続させて見れば，道管・師管の位置がわかる。

気孔から出入りする気体を整理すると，以下のよ
うにまとめられる。

気体の出入り		気　体	はたらき
出入りする	出る	酸　素	光合成
	入る	二酸化炭素	
	出る	二酸化炭素	呼　吸
	入る	酸　素	
出るのみ		水蒸気	蒸　散

〈気孔の分布〉

　多くの植物の場合，葉の表面にはほとんどなく，
裏面に多く分布する。ダイズやトウモロコシなど
葉の表面にも多数分布しているものもあり，水生
植物のスイレンは，葉の裏側(水と接触している)
には気孔はなく，葉の表面に分布している。

Step B　解答　　　本冊▶p.64〜p.65

1 (1) ア，エ　(2) 2.1g　(3)① 気孔　② 道管

2 (1) 維管束　(2) エ　(3) 気孔をふさぐため。

　(4) ア

3 (1) (図1)葉　(図2)茎　(図3)根

　(2) (図1)b　(図2)c　(図3)e

　(3) 双子葉類

解説

1 (1) ガラス棒でも全体の質量が小さくなっているこ
とから，水面から水が蒸発していることがわかる。
また，ガラス棒よりも枝Aのほうが全体の質量の減
少量が大きいので，ワセリンを塗った葉以外の部分
から水が蒸発したことがわかる。

(2) 枝Aの全体の質量の減少量と枝Bの全体の質量
の減少量の差を求めればよい。全体の質量の減
少量は，枝Aは0.45g，枝Bは2.55gなので，
2.55g−0.45g＝2.10gとなる。

(3)① 気孔は葉の裏側に多くある。

　② 水は道管を通り，養分は師管を通る。

2 (1) 道管と師管の集まりを維管束という。

(2) 気孔では蒸散が行われる。

(4) AとDの違いは，葉があるかないかである。Dでは
水の量にほぼ変化がないことから，葉が吸水に関係
していることがわかる。

3 (1) 根・茎・葉の断面図を覚えておくとよい。

(3) 双子葉類の維管束は周辺部に輪の形に並び，単子葉類の維管束は全体に散らばっている。

14 植物の光合成と呼吸

Step A　解答　本冊▶p.66〜p.67

① エタノール　② 光　③ 酸素　④ デンプン

⑤ 二酸化炭素　⑥ 師管　⑦ 青紫　⑧ 葉緑体

⑨ 光　⑩ 青色　⑪ 黄色　⑫ 緑色

⑬ 二酸化炭素　⑭ 呼吸　⑮ 酸素

⑯ 貯蔵デンプン　⑰ 葉緑体　⑱ 水

⑲ 二酸化炭素　⑳ 光

㉑ ㉒ ブドウ糖，酸素(順不同)　㉓ 光合成

㉔ 光合成　㉕ 最適　㉖ デンプン　㉗ 二酸化炭素

㉘ 光合成　㉙ 酸素　㉚ 貯蔵　㉛ 食物

㉜ 二酸化炭素　㉝ 酸素　㉞ 地球

解説

① エタノールにつけて脱色する前に熱湯につける理由は，葉をやわらかくするためである。細胞の細胞膜が破れ，エタノールが入りやすくなり，色素(葉緑素)が溶けやすくなる。

また，葉の中で，さらに，呼吸や光合成の反応が進行しないようにするためもある。

㉕ 二酸化炭素の濃度が高くなるほど光合成はさかんになるが，光の強さの場合と同じで，ある限度をこすことはない(光合成も化学的な反応なので，植物にとって最適な条件になると一定になる)。

㉗〜㉙ 葉の中では，右の図のように光合成も呼吸も行われている。見かけ上，二酸化炭素を吸収し，酸素を出すという光合成だけのように見える。

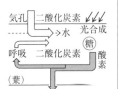

㉞ 生物は，地球環境にはたらきかけ，地球をつくり変えることを，気の遠くなるような時間をかけて行ってきた。ヒトが地球上に現れて約600万年で，科学の発展にともない，わずか2世紀あまりの時間に，オゾンホールをつくり，二酸化炭素の量を増加させるなどの地球へのはたらきかけをしている。

これは，明らかにヒト以外の生物のはたらきかけに逆行している行為であり，反省し，改めていかなければならない。

Step B　解答　本冊▶p.68〜p.69

1 (1) 気孔

(2) (記号)イ，ア，ウ

(理由)光合成によって二酸化炭素が使われたから。

(3) イ　(4) デンプン

2 (1) 青　(2) エ

(3) 単位時間あたりの気体の出入りは，光合成のほうが呼吸よりも多いから。

(4) イ，ウ，カ　(5) オ

3 (1) 酸素用の気体検知管は，使用後熱くなるので，直接手でさわらないようにする。

(2) ① 実験前後での気体の割合

② 植物の葉のはたらき

(3) 呼吸　(4) エ

解説

1 (1) 気孔は，二酸化炭素と酸素の出入り口で，蒸散作用の水蒸気の出口でもある。

(2) アに比べ，イは光合成により二酸化炭素が減る(酸素は増える)。ウは呼吸により二酸化炭素が増える(酸素は減る)。

(3) エタノールは引火しやすい物質なので，直接加熱してはいけない。

2 (1) 二酸化炭素が水に溶けると，その水溶液は酸性となる。あらかじめ青色のBTB液を息(二酸化炭素)で中和させて緑色にしてある。

試験管Aは，光合成で二酸化炭素を使ったので，もとの青色にもどる。

試験管Bは呼吸によって，さらに二酸化炭素が増え，水溶液が酸性となり，BTB液は黄色になる。

(4) ア(表皮)，エ(道管)，オ(師管)には葉緑体は含まれない。カ(孔辺細胞)は表皮にあるが葉緑体をもつ。イは柵状組織とよばれ，葉の表面がこい緑色に見えるのはこの組織による。ウは海綿状組織とよばれる。

> ⚠ **ここに注意**　光合成とBTB液の色の変化
>
> BTB液が青色に変化→光合成によって発生した"酸素"によると思い違いをしないようにすること。酸素は中性なので青色には変化しない。あくまで，酸性のもとになる二酸化炭素の増減によるもので，呼吸の場合も考えること。

3 (2) 表に使われている語句を用いて書くようにする。

(3) 植物の葉のはたらきで，光合成と呼吸では，使われる物質と出される物質の関係が，次の図のように逆になっている。

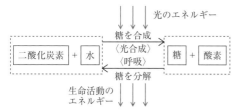

光合成では最初に糖が合成され，糖が結合してデンプンが合成される。

しかし，デンプンは水に溶けないので，夜間での栄養分の移動は，再び，糖に分解して行われている。

単子葉類の中にはデンプンに合成しないで，ショ糖のまま貯蔵する植物も存在する。

Step C-①　　解答　　本冊▶p.70～p.71

1 (1) ア，エ，ウ，イ　(2) C，D，E
(3) ① 形とはたらきが同じ(細胞)　② 器官
(4) ウ，エ，カ，キ

2 (1) 対照実験　(2) オ
(3) 光が十分にあたるところでは，光合成で使う二酸化炭素の量が呼吸で出す二酸化炭素の量よりも多いため。

3 (1) ミトコンドリア
(2) ① 表皮　② 道管　③ 師管　④ 孔辺細胞
(3) ④，⑤，⑥　(4) エ　(5) ア，オ
(6) ⑤を透過した光を乱反射させて光を吸収するとともに，効率よくガス交換を行うため。

解説

1 (2) Aは表側の表皮の組織で葉緑体がない。Bは裏側の表皮の組織で，孔辺細胞には葉緑体が含まれている。Dは海綿状組織，Eはさく状組織といわれ，ともに葉緑体が含まれ，Eは表側にあるので，特に光合成がさかんに行われる。

2 (2) 光があたると光合成を行うので，光があたらないようにして，葉があるものとないもので比べる。

3 (1) ミトコンドリアは植物と動物の細胞に共通して見られ，酸素を使って養分からエネルギーをとり出す。

(4) クチクラとは，表皮を構成する細胞がその外側に分泌することで生じる，丈夫な膜である。さまざまな

生物において，体表を保護する役割を果たしている。

(5) 蒸散の役割を覚えておくとよい。

15 食物の消化と呼吸

Step A　　解答　　本冊▶p.72～p.73

① 門歯　② 犬歯　③ 臼歯　④ 食道　⑤ 肝臓
⑥ 大腸　⑦ 胃　⑧ すい臓　⑨ 小腸　⑩ 柔毛
⑪ 毛細血管　⑫ リンパ管　⑬ 炭水化物　⑭ 脂肪
⑮ タンパク質　⑯ 生命活動　⑰ からだ
⑱ タンパク質　⑲ 有機　⑳ カルシウム
㉑ 食塩(ナトリウム)　㉒ 無機　㉓ 消化
㉔ 消化酵素　㉕ ブドウ糖　㉖ アミノ酸
㉗ モノグリセリド　㉘ 胃　㉙ 小腸　㉚ 消化液
㉛ 柔毛　㉜ 毛細血管　㉝ 肝臓　㉞ リンパ管

解説

①～③ 動物には，ヒトのように植物性，動物性の両方を食物とする雑食動物もいる。ブタ，ネズミ，ニワトリ，スズメ，クマ，タヌキ，イノシシなどが雑食である。

⑱～㉒ 食物の中に含まれる有機物はほかに，ビタミンA，B，C，Dなどがあり，動物が成長をするときの潤滑油のような役目をはたしている。
　ナトリウムやカルシウムのような無機物をミネラルや無機塩類ともいう。

㉔ 消化酵素は，種類によってはたらく食物の成分が決まっていて，だ液中のアミラーゼはデンプンを分解して麦芽糖に変えると決まっている。

〈養分が最初に分解される場所と消化酵素〉

・デンプン→口…だ液のアミラーゼ

・タンパク質→胃…胃液のペプシン

・脂肪→十二指腸…すい液の中のリパーゼ

Step B　　解答　　本冊▶p.74～p.75

1 (1) 有機物
(2) 加熱して炭のような焦げた物質が残るかを調べる。
(3) 消化酵素
(4) ① イ　② ア，イ　③ ア，イ，ウ
(5) 消化酵素は，体温くらいのときに最もよくはたらく性質をもっているから。
(6) 糖(麦芽糖)　(7) ア，エ

2 (記号)ウ
(特徴)臼歯は発達しているが，犬歯は発達し
ていない。
3 (1)(A)肝臓　(B)胆のう　(C)胃　(D)すい臓
　　(E)小腸
(2)D　(3)A　(4)イ　(5)エ　(6)Z

解説

1 (1)生物のからだをつくっているものや生命活動に
関係する物質の総称である。これに対して，有機物
以外の物質は無機物という。ただし，二酸化炭素
(CO₂)のように炭素(C)をもっているが，無機物の
なかまとなるものもある。
(2)炭素(C)を熱すると空気中の酸素と結びついて，酸
化物となる。
(3)消化酵素自体は変化せず，触媒のはたらきがある。
(5)消化酵素はタンパク質でできており，温度が高くな
りすぎるとこわれる。これは消化が化学変化であり，
適温がたいせつなことを示している。
(6)ベネジクト液は，糖があると加熱によって結びつき，
赤褐色の沈殿をつくる。
(7)ウ，オについては，別の実験を行わないと結論でき
ない。イは，試験管Eの結果から，まちがいとわかる。
2 草食動物は植物を食べて生活している。そのため，
植物をすりつぶすための臼歯が発達している。
3 (2)3つすべてにはたらく消化酵素を含む消化液は
すい液である。
(3)消化酵素を含んでいないのは，胆汁(胆液)で，肝臓
でつくられ，胆のうにためられる。胆汁は，脂肪を
乳化し，小さな粒にして消化しやすくするはたらき
をする。
(4)消化酵素は，適温(体温35〜40℃くらい)で活発に
はたらき，はたらく物質が決まっている。物質を分
解(消化)するとき，自分自身は変化しないので何度
でも物質にはたらくことができる(触媒と同じ)。
(5)消化されたアミノ酸，ブドウ糖は柔毛の中の毛細血
管に吸収される。脂肪酸とモノグリセリドは柔毛に
吸収されると，再び脂肪に合成されてリンパ管に入
る。リンパ管は首のつけ根あたりの血管につながり，
そこで脂肪は血液に入り全身に運ばれる。
(6)柔毛の毛細血管で吸収された養分は，すべて血液で
肝臓に運ばれる。Zは肝門脈とよばれる。

16 呼吸と血液循環

Step A　　**解答**　　　　　　　　本冊▶p.76〜p.77

① 気管　② 肺動脈　③ 肺静脈　④ 肺胞
⑤ 赤血球　⑥ 白血球　⑦ 血しょう　⑧ 血小板
⑨ 大静脈　⑩ 肺動脈　⑪ 肺静脈　⑫ 右心房
⑬ 右心室　⑭ 左心房　⑮ 左心室　⑯ 肺胞
⑰ 外　⑱ えら　⑲ 赤血球　⑳ 組織液
㉑ 二酸化炭素　㉒ 内　㉓ 右心房　㉔ 肺動脈
㉕ 肺静脈　㉖ 大動脈　㉗ 体循環　㉘ 動脈血
㉙ 肺動脈　㉚ 静脈血　㉛ 弁　㉜ 厚
㉝ アンモニア　㉞ 尿素　㉟ 水分

解説

④肺胞の直径は約0.2mmで，肺が多くの肺胞ででき
ていることで，空気とふれ合う表面積が大きくなり，
酸素と二酸化炭素との交換の効率がよくなる。

〈動物の呼吸器官〉
・えら：水に溶けた酸素を吸収す
るのに適している。節足
動物のエビ・カニもえら
呼吸を行っている。

魚類

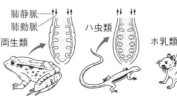
〈セキツイ動物の肺の比較〉

・皮膚：両生類の成体は肺呼吸を行うが，皮膚呼吸
の割合も大きい。

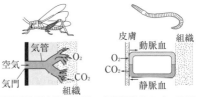
〈節足動物(昆虫類)の呼吸〉　〈環形動物(ミミズ)の呼吸〉

㉒細胞の呼吸で，アミノ酸が分解されるときには窒素
を含んでいるので，アンモニアができる。これは有
害な物質なので，肝臓で無害な尿素に変えられ，じ
ん臓でこしとられ，体外に出される。
〈内臓のなかで最大の肝臓の主なはたらき〉
・血液中の養分を一時蓄える。(ブドウ糖をグリコ
ーゲンとして貯蔵し，必要に応じて血液中に出
す。)

・胆汁(胆液)をつくる。(消化酵素は含まず,脂肪にはたらきかけ,乳化し細かな粒に変えて消化を助けるはたらき。)

・アンモニアを尿素に合成する。

Step B 解答

本冊▶p.78〜p.79

1 (1) (ガラス管)気管 (風船)肺

(2)① 下　② 上

(3) (血管)肺動脈　(気体)酸素

2 (1) ア→ウ, イ→エ

(2) (a)②　(b)④　(c)③　(d)①

(3) 体循環

(4) 動脈血

(5) ①の血管には血液の逆流を防ぐ弁がある。③の血管には弁はないが,①より壁が厚く,弾力性がある。

(6) 血管系

(7) (A) 各細胞への酸素の運搬

(B) 外部から侵入した細菌に対する食菌作用

3 (1) ア

(2) ウ

(3) イ

(4) 栄養分を含んだ血しょうが毛細血管

4 (1) ウ

(2) 心臓の拍動が激しくなる。

解説

1 (2)ヒトは,空気を吸いこむとき横隔膜を下げ,ろっ骨を上にあげて胸腔を広げて外気を肺にとりこんでいる。ただし,この実験ではろっ骨にあたるガラスびんは動かない。

(3)二酸化炭素●が多く含まれているのが肺動脈である。

2 (1)〜(3)腹側から見た図なので,①が全身を流れた血液が心臓にもどる大静脈で,血液の流れは,ア(右心房)→ウ(右心室)『ウ→②(肺動脈)→肺→④(肺静脈)→イ(左心房)』(肺循環である)イ→エ(左心室)『エ→③(大動脈)→からだ全身→①(大静脈)→ア』(体循環である)

(4)酸素の多い血液は動脈血といわれ,大動脈,肺静脈を流れる血液。血管名の動脈,静脈と混同しないように。肺静脈でも動脈血が流れている。酸素が少なく,二酸化炭素を多く含んだ血液が静脈血で,大静脈,肺動脈を流れている。

(6) 血液・血管・心臓と体液として血液だけに限っていうので血管系。体液にはリンパもあり,このリンパ管系と血管系の2つをまとめて循環器系という。

(7) くぼんだ円盤形からAは赤血球で血液の固形成分である。白血球も血小板も固形成分だが,血小板は骨髄の巨大核細胞の細胞質がちぎれてできたもので,細胞ではない。したがって,Bは白血球である。

3 (1) Aは右心房,Cは左心室,Dは右心室である。

(2)肺で酸素をとりこんだ血液を動脈血という。

(3)弁の形は,血液がA→弁Y→D→弁Zと流れるような形を考えればよい。Dの部屋が収縮するとき,血液はDから弁Zに向かって流れる。

4 (1)息を吸うときに肺はふくらむ。息をはくときは,筋肉のはたらきによってろっ骨が下がり,横隔膜は上がる。

17 刺激と反応

Step A 解答

本冊▶p.80〜p.81

① レンズ(水晶体)　② こう彩　③ 網膜

④ 視神経　⑤ 半規管　⑥ 鼓膜　⑦ 前庭

⑧ 聴神経　⑨ うずまき管　⑩ 感覚神経

⑪ 末しょう神経　⑫ 運動神経　⑬ 筋肉　⑭ 大脳

⑮ せき髄　⑯ 感覚器官　⑰ 皮膚　⑱ 鼻

⑲ 刺激　⑳ 感覚細胞　㉑ 感覚神経　㉒ 舌

㉓ 背骨　㉔ せき髄　㉕ 大脳

㉖ ㉗ 筋肉,内臓(順不同)　㉘ 運動器官

㉙ 感覚神経　㉚ 運動神経　㉛ 中枢　㉜ 反射

解説

⑬ 多くの動物は,骨格と骨格につながった筋肉によって活発に動くことができる。うでの曲げのばし(下図)で,うでをのばすときは,Aの筋肉がゆるみ,Bの筋肉が収縮する。

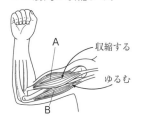

❶ ここに注意

反射の具体例をあげることができるようにしておこう。

- ・しつがいけん反射：ひざの下をたたくと足がはね上がる。
- ・まばたき反射：目の前に急に虫などが飛んできたとき，思わず目を閉じる。
- ・熱いものにふれたとき，とっさに手をひっこめる。
- ・明るいときにひとみが閉じる運動（どう孔反射）
- ・食べ物を口に入れるとだ液が出る。（うめぼしを見てだ液が出るのは，学習により，大脳が関係した条件反射であって反射ではない。）
- ・傾いたところに立ったとき，自然とからだをまっすぐに保とうとする。（姿勢反射）
- ・前にころびそうになったとき，顔や頭などを打たないように，とっさに手が出る。

などがある。

Step B 解答

1. (1) 6.0 m/s　(2) ウ　(3) A，D
   (4) ウ，キ，イ，ク，オ
2. (1) カ　(2) イ
   (3) (記号) イ
   (理由) 目に入る光の量を少なくするため。
3. (1) ① ア　② ウ　③ エ　④ イ
   (2) (記号) イ　(名称) うずまき管

解説

1 (1) 実験結果から，かかった時間の平均は次のようになる。

(3.6秒 +3.4秒 +3.5秒) ÷3＝3.5秒

信号が伝わる経路の距離は 14 人 ×1.5m＝21 m なので，平均の速さは，21m/3.5s＝6.0m/s となる。

(3) 実験では脳で判断して命令が出されている。

(4) このような反応を反射という。

2 (1) A はレンズ，B はガラス体である。

(2) ア は耳小骨，ウ は耳管，エ はうずまき管である。

(3) 暗い場所では，多くの光をとりこむためにひとみは大きくなる。

3 (2) ア は耳小骨，ウ は聴神経 (感覚神経) である。

Step C-② 解答

1. (1) （ⅰ群）ウ　（ⅱ群）キ
   (2) エ
   (3) (X) 動脈　(Y) 静脈　(記号) ア
2. (1) ①，④
   (2) ⑤
   (3) 柔毛
   (4) (デンプン) オ　(糖) ク
   (5) (番号) ③　(臓器名) 肝臓　(名称) 尿素
3. (1) 視覚，聴覚
   (2) 中枢神経
   (3) (A) 感覚神経　(B) 運動神経
   (4) 末しょう神経
   (5) (Ⅰ) イ　(Ⅱ) カ　(Ⅲ) エ

解説

1 (1) 心臓の各部屋の名称と，血液の流れ方を覚えておくとよい。

(2) ア…血液の固形成分は，赤血球，白血球，血小板である。

イ…酸素を運搬するのは，赤血球である。

ウ…細菌をとらえたりするのは，白血球である。

(3) イ…魚類，ウ…ホ乳類，エ…両生類

2 (1) ① 口，② 胃，③ 肝臓，④ すい臓，⑤ 小腸，⑥ 大腸である。

(3) 柔毛があることで表面積が大きくなり，効率よく養分を吸収することができる。

(4) ペプシン…胃液に含まれる，タンパク質を分解する消化酵素である。

BTB 液…水溶液の性質を調べるのに使う。

酢酸カーミン液…細胞を観察するときの染色液である。

酢酸オルセイン液…細胞を観察するときの染色液である。

リトマス紙…水溶液の性質を調べるのに使う。

塩酸…塩化水素の水溶液である。

3 (1) 周囲の刺激に対して分化している感覚細胞をもっている。

(2) からだの中央に集まっている。

(3) 同じ末しょう神経でも，感覚器官から中枢神経まで伝える感覚神経は求心神経 (中心に向かう神経)，中枢神経から運動器官まで伝える運動神経は遠心神経 (中央から遠ざかる神経) とよばれることもある。

(5) Ⅰ. 暑くなったという刺激を感覚器官で受けとり，その信号が感覚神経からせき髄を通って脳に伝えられる。脳の命令がせき髄から運動神経を通って筋肉に伝えられ，反応が起こる。

Ⅱ. 脳にうかんだ名案が刺激となって，せき髄→運動神経を通って筋肉に伝えられて反応が起こる。

Ⅲ. 反射であるから脳は関係していない。

18 気象要素と気象観測

Step A　解答

本冊▶p.86〜p.87

① 乾湿計　② 湿度　③ アネロイド気圧計
④ 気圧　⑤ 風向風速計
⑥⑦ 風向，風速（順不同）　⑧ 乾球　⑨ 湿球
⑩ 13.0　⑪ 12.0　⑫ 88　⑬ 気象衛星
⑭ アメダス　⑮ 雲量　⑯ 快晴　⑰ くもり
⑱ 積雲　⑲ 層雲　⑳ 16　㉑ 風力記号　㉒ 低い
㉓ 北東　㉔ 4　㉕ くもり　㉖ 快晴　㉗ 雨　㉘ ⊗
㉙ 風向　㉚ 風力　㉛ 天気　㉜ 乾湿計
㉝ 小さい　㉞ 下がる

解説

③ アネロイド気圧計は，右の図のように，気圧（大気の圧力）によって真空の缶の表面がふくらんだり，へこんだりする動き

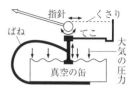

を，てこの原理を利用して指針を動かす。

⑪ 乾湿計の湿球はぬれた布で包まれているので，水が蒸発するときにまわりから熱（気化熱）をうばう。そのため，湿球の示度は乾球の示度より低くなる。空気が乾燥しているときには，水の蒸発量が多くなり，乾球と湿球の示度の差が大きくなる。この性質を利用して湿度を測定する。

Step B　解答

本冊▶p.88〜p.89

1 (1) (天気) くもり　(風向) 北北西
(2) エ
(3) 50%

2 (1) 湿球温度計　(2) 70%　(3) ア　(4) ウ

3 (1) 日曜日の12時ごろから
(2) 雨になった
(3) ウ
(4) オ

4 (1) B
(2) 48%
(3) イ
(4) (右図)
(5) ア

4 (4)

1 (1) ◎はくもりを表す。風向は風の吹いてくる方向を示している。

2 (3) 湿度が100％のときは、湿球から水分が蒸発しないため、示度が同じになる。

(4) 晴れた日の湿度と気温の変化の関係は、正反対の動きになっている。

3 (3) 天気が悪くなると湿度が高くなり、回復すると湿度が低くなる。

(4) 天気の記号には、快晴(○)、晴れ(①)、くもり(◎)、雨(●)などがある。雲量9以上をくもりという。

4 (1) 蒸発するときの気化熱で熱が奪われるので、示度の低いほうが湿球である。

(2) 乾球が15.0℃、湿球が10.0℃で、示度の差が5.0℃。

(3) 図1のグラフで、気温15.0℃、湿度(2)より48％となる日時をさがす。

(4) 風向は、風が吹いてくる方向であるから、西側に矢羽根をかく。

(5) 西から東へ向かう風なので、ビニルひもは東側へたなびく。

19 圧力と大気圧

Step A 解答
本冊▶p.90〜p.91

① 100　② 2　③ 2　④ 2　⑤ $\frac{1}{2}$　⑥ 2

⑦ 4　⑧ 0.6　⑨ 重力　⑩ 101300　⑪ 1013

⑫ 単位　⑬ おす力　⑭ 面積　⑮ N/m²　⑯ 2倍

⑰ $\frac{1}{2}$　⑱ 比例　⑲ 反比例　⑳ 200　㉑ 0.5 N

㉒ 空気　㉓ 大気圧　㉔ 重力　㉕ うすく

㉖ 小さく　㉗ 大気圧　㉘ 空気　㉙ 大気圧

㉚ あらゆる　㉛ こぼれない　㉜ 小さい

㉝ ふくらむ

解説

③ 重さが2倍になれば、スポンジのへこみ方も2倍になる。

④ 接触面積が$\frac{1}{2}$倍になると、スポンジのへこみ方は2倍になる。

⑧ $98.84 - 98.24 = 0.6$〔g〕

圧力の単位は整理しておこう。

圧力の単位には、N/m²やPaなどがあるが、どの単位を用いて答えるかは、題意を読みとること。

・圧力の単位

▶ 1気圧 =1013 hPa

▶ 1 N/m² =1 Pa

▶ 1 hPa=100 Pa
= 100 N/m²

▶ 1 mmHg →高さ
1 mmの水銀柱の底面にはたらく圧力。1気圧は、イタリアのトリチエリの実験(上の図)で調べることができる。

▶ 1気圧 =760 mmHg=1013 hPa
(Hgは、水銀原子を表す記号である。)

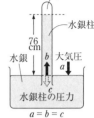

真空(気圧は0)
水銀柱
76cm
水銀　b 大気圧
a
c
水銀柱の圧力
a = b = c

㉑ 底面の全圧力＝物体の重さ
すなわち、物体にはたらく重力の大きさである。

Step B 解答
本冊▶p.92〜p.93

1 (1)① 54 N　② 抗力　(2) 5400 Pa

(3)① 水　② 小さく　③ 大気圧

2 (1) 100 N　(2) 250000 N/m²　(3) ウ

3 (1) C　(2) 2倍

4 (1) イ　(2) 0.032 m²　(3) 30000 N/m²

解説

1 (1)① $(10×10×20)$ cm³×2.7 g=5400 g
で、重力は54 N

(2) 立体の体積は、
$(10×10×20) - (5×5×20) = 1500$〔cm³〕
質量は、$2.7×1500 = 4050$〔g〕
接触面積は、$10×10 - 5×5 = 75$〔cm²〕
Pa=N/m²に注意して、
$40.5 N ÷ 0.0075 m² = 5400 N/m²$
$= 5400 Pa$

(3) ペットボトル内の水蒸気が水に変わり、ほとんど真空に近い状態になっている。

2 (1) 質量10 kgの物体にはたらく重力の大きさは、100 Nになる。

(2) Aの板と接している面積は0.002 m²より、
$\dfrac{500 N}{0.002 m²} = 250000 N/m²$

(3) Aは栓がしてあるため、容器内に閉じこめられた空

気がおされ，その圧力が外側にはたらく。

3 (1) スポンジとふれ合う面積が小さいほうが，圧力は大きくなる。

(2) 圧力は，力がはたらく面積に反比例する。

4 (1) 圧力は，面積が小さくなると大きくなる。

(2) 画用紙の面積が $0.01\,\mathrm{m}^2$ で，質量が $2.00\,\mathrm{g}$ であり，Aさんの両あしの裏と同じ面積の画用紙の質量は $6.40\,\mathrm{g}$ であることから，両あしの面積は $0.032\,\mathrm{m}^2$ となる。

(3) $\dfrac{400\,\mathrm{N} + 380\,\mathrm{N}}{0.026\,\mathrm{m}^2} = 30000\,\mathrm{N/m}^2$

20 霧や雲の発生

Step A 解答

本冊▶p.94〜p.95

① 飽和水蒸気量 ② 20 ③ 66 ④ くもる
⑤ くもりが消える ⑥ 太陽 ⑦ 上昇 ⑧ 水滴
⑨ 露点 ⑩ 雲底 ⑪ 氷の粒 ⑫ 雨 ⑬ 雪
⑭ 飽和水蒸気量 ⑮ 高い ⑯ 露点 ⑰ 水滴
⑱ 飽和水蒸気量 ⑲ 飽和水蒸気量 ⑳ 低く
㉑ 下がる ㉒ 露点 ㉓ 氷 ㉔ 露点 ㉕ 霧
㉖ 水でぬらし ㉗ 引く ㉘ 下がり ㉙ 膨張
㉚ 下がる ㉛ 飽和 ㉜ 露点 ㉝ 2.2

解説

② 空気 X は，気温 $30\,\mathrm{℃}$ なので，飽和水蒸気量は $30.4\,\mathrm{g}$，$1\,\mathrm{m}^3$ 中に含む水蒸気量は $20\,\mathrm{g}$ である。
また，この空気の温度を下げていくと，約 $23\,\mathrm{℃}$ のとき，飽和に達し，水滴ができはじめるので，露点は約 $23\,\mathrm{℃}$ である。

④ 線香の煙は水蒸気が凝結して水滴になるときの核（凝結核）になる。
　大気中では，燃焼生成物，粘土粒子，海塩粒子などが凝結核として浮遊している。

㉕ 霧は，小さな水滴が空気中に浮かんでいる状態で，$1\,\mathrm{km}$ 以上先の地物が見えないもの。似た現象に，大気中の水蒸気が凝結し，葉や石などの表面に水滴としてついた露がある。露ができる条件は，大気中に多くの水蒸気を含み，地表面から熱が放射してよく冷えることなどがある。

㉝ この空気 $1\,\mathrm{m}^3$ 中に含まれている水蒸気量を $x\,\mathrm{g}$ とすると，$\dfrac{x}{14.5} \times 100 = 80$ より，$x = 11.6$〔g〕
$10\,\mathrm{℃}$ では，$1\,\mathrm{m}^3$ 中 $9.4\,\mathrm{g}$ まで水蒸気を含めるので，$11.6\,\mathrm{g} - 9.4\,\mathrm{g} = 2.2\,\mathrm{g}$ が水滴に変わる。

※公式にあてはめなくても，$17\,\mathrm{℃}$ での飽和水蒸気量の 80% 分の水蒸気を含んでいると考えて，$14.5\,\mathrm{g} \times 0.8 = 11.6\,\mathrm{g}$ と求めてもよい。

Step B 解答

本冊▶p.96〜p.97

1 (1) ① 海水 ② g/m³ ③ 露点 ④ 100%
⑤ 凝結核（ちり） ⑥ 上昇 ⑦ 10

(2) 例室温と同じくらいの温度の水を銀のコップに入れ，温度計で水温をはかりながら氷を入れ，かくはん棒でよくかき混ぜ，水温が一様になるように冷やす。コップの表面に水滴がつき始めるときの水温が露点である。

2 (1) ア (2) 露点
(3) （地表付近に比べて，上空は）気圧が低いから。

3 (1) 37% (2) 1280 g (3) 796 g

4 (1) 飽和水蒸気量 (2) ① エ ② 露点

解説

1 (1) ① 地球表面での水はほとんどが海水で約 96% を占める。陸上に存在する水（湖・川）は約 3%，地下水として 1% 程度であり，大気中の水の量はほんのわずかとなる。

⑦ 国際的に定められた雲形の分類で，基本的な十種雲形を答えればよい。

2 (1) 気体（水蒸気）は目に見えないが，液体になると目に見えるようになる。

(2) 水蒸気が凝結し始める温度を露点という。

3 (1) $20\,\mathrm{℃}$ の飽和水蒸気量は $17.3\,\mathrm{g/m}^3$ なので，実験室の湿度は，$\dfrac{6.4\,\mathrm{g/m}^3}{17.3\,\mathrm{g/m}^3} \times 100 = 36.9\cdots\%$ となる。

(2) 実験の(ii)より，露点が $4\,\mathrm{℃}$ とわかる。実験室の体積が $200\,\mathrm{m}^3$ なので，実験室内の空気に含まれる水蒸気量は，$6.4\,\mathrm{g/m}^3 \times 200\,\mathrm{m}^3 = 1280\,\mathrm{g}$ となる。

(3) 室温 $20\,\mathrm{℃}$ で湿度 60% のときの実験室内の水蒸気量は，$17.3\,\mathrm{g/m}^3 \times 0.6 \times 200\,\mathrm{m}^3 = 2076\,\mathrm{g}$ となる。(2)より，加湿器から放出された水蒸気量は，$2076\,\mathrm{g} - 1280\,\mathrm{g} = 796\,\mathrm{g}$ となる。

4 (2) ① 飽和水蒸気量は，温度によって変わる。
② 露点になると，水蒸気の凝結が始まる。

21 気圧と風

Step A 解答

本冊▶p.98〜p.99

① 等圧線　② 右　③ 大きく　④ 低気圧
⑤ 高気圧　⑥ 上昇　⑦ 積乱雲　⑧ 下降
⑨ 反時計(左)まわり　⑩ 時計(右)まわり
⑪ 大気圧(気圧)　⑫ ヘクトパスカル　⑬ hPa
⑭ 1013　⑮ 低く　⑯ 気圧　⑰ 4　⑱ 20
⑲ 大きく　⑳ 右　㉑ 高気圧　㉒ 低気圧
㉓ 反時計(左)　㉔ 下降　㉕ 上昇　㉖ 低気圧
㉗ 偏西風　㉘ 季節風　㉙ 海風　㉚ 陸風

解説

㉗〈偏西風〉

　地表から約 8 〜 18km の高さにおよぶ範囲を対流圏といい，太陽光によって大気は水平，上下方向に激しく動き，雨や雲，上昇・下降気流などの気象現象が起こっている。

　対流圏の高さは，低緯度地域で高く，また夏は高く冬は低くなるなど変化している。このような対流圏内で吹く地球規模の風に偏西風がある。約 30°〜60°の緯度帯(中緯度帯)の地球を一周する，極に向かう西よりの風(ほぼ西から東へ向かう風)で，日本付近での低気圧，高気圧の西から東への移動はこの風によるものである。また，台風が北緯30°付近で向きを東に変えるのもこの風のためである。

　さらに，偏西風域の上空およそ 10km 位の高度で，幅のせまい範囲で風が強く，風速 100m/s にもなる気流があり，これをジェット気流といって，気象にも影響を与えている。

㉘〈季節風〉

　日本では，夏に太平洋側から南東の季節風(モンスーン)が，冬に大陸，日本海から北西の季節風が吹く。この現象は，海風・陸風と基本的には同じで，夏を昼とおきかえると，大陸が⊛となり，太平洋から大陸に向かう，南東の風が吹く。冬を夜とおきかえると，太平洋が⊛となり，大陸から太平洋に向かう，北西の風が吹く。1 年周期と規模が大きく，気象に与える影響は大きい。

㉙・㉚〈海風・陸風〉

　昼間，陸地は海水よりも太陽に照りつけられて温度が上がりやすいので，陸地の空気は

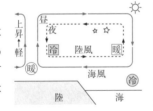

海面上の空気より早くあたたまり，軽くなり上昇する。そのすき間に海面上の空気が移動して，海からの風すなわち海風が起こる。

　夜間は，海水のほうが冷めにくいので，海面上の空気が上昇し，陸の空気が海に向かって移動する。これが陸風である。

　また，海風と陸風が入れかわるとき(夕方)に風の吹くのが止まる。これが"なぎ(凪)"である。

Step B 解答

本冊▶p.100〜p.101

1 (1) イ
　(2) 海面(海抜 0m)の気圧に直して使用する。
　(3) 膨張する。
2 (1) ア　(2) (右図)
　(3) ① 上昇気流
　　　② ○　③ ○
　　　④ 高いほうから低いほう
　　　⑤ 右　⑥ せまい

2 (2)

3 (1) ヘクトパスカル
　(2) (記号)エ
　　　(理由)等圧線の間隔がせまいため。
　(3) (例)空気が山の斜面にぶつかったとき。
　　　(例)太陽光にあたためられた地面に，地面付近の空気があたためられたとき。
　(4) 8
4 (1) ア　(2) エ

解説

1 (1)高さが高いほど空気の濃度がうすくなるため，気圧が低くなる。
(2)高さの違いを無視して等圧線を引くと，標高の高い所では必然的に気圧が下がり，正確な等圧線を引くことができないため，標高 0m に気圧を修正して引くことがたいせつである。

　観測した気圧を海面上の平均の値に直すことを海面更正といって次のように行う。高さが 10m 下がるごとに，約 1.2hPa ずつ加える。

〈例〉　600m の山頂で，920hPa が観測された。

$$920 + \left(600 \times \frac{1.2}{10}\right) = 992 \ (\text{hPa})$$

等圧線を引くときにはこの値を使用する。

2 (1)まわりよりも気圧が高い所が高気圧である。高気圧の中心付近では下降気流が起こり，北半球では時計まわりに風が吹き出す。

(3) 低気圧の中心付近では上昇気流で雲が発生し，天気が悪くなる。また，等圧線の間隔がせまくなると空気の流れが速くなり，風が強くなる。

3 (2) 等圧線の間隔がせまいほど，風が強くなる。

(3) 雲は，いくつかの上昇気流が組み合わさってできる場合が多い。

(4) 陸への降水と陸からの蒸発の差は 22 − 14 ＝ 8 となり，これが陸地から海への流水になる。

4 (1) 等圧線は 4 hPa 間隔で表されている。

(2) 北半球の場合，風は反時計まわりに吹きこみ，上昇気流が発生する。

Step C-① 解答　　本冊▶p.102〜p.103

1 (1) hPa　(2) 空気に重さがあるから。
　　(3) 800 hPa
　　(4) (状態) ぱんぱんにふくれる。
　　　　(理由) 頂上の気圧がふもとの気圧より小さいから。

2 (1) 1020 hPa
　　(2) (右図)
　　(3) イ

2 (2)
北・西・東・南 の方位記号図（北西方向に風向の線）

3 (1) ① イ　② エ　③ イ
　　(2) ① (A) 22℃　(B) 18℃
　　　　② ウ　③ 14℃

解説

1 (1) 1 気圧 ＝ 1013.25 hPa ＝ 101325 Pa ＝ 101325 N/m² である。

2 (1) 等圧線は，点線は 2 hPa，実線は 4 hPa，太線は 20 hPa ごとに引かれている。

(2) 天気，風力を表す記号は覚えておくとよい。

(3) 北半球の低気圧は，反時計まわりに風が吹きこみ上昇気流が生じる。

3 (1) ① 容器内の空気が抜かれてゴム風船よりも気圧が低くなると，ゴム風船はふくらむ。

　③ ア…空気が山の斜面に沿って上昇するとき，雲ができやすい。

　　ウ…まわりより気圧の高いところでは下降気流が起こるので，雲ができにくい。

　　エ…あたたかい空気と冷たい空気が接するところでは，雲ができやすい。

(2) ① 湿球の示度は，乾球の示度よりも低くなる。

　② 気温が上がると，飽和水蒸気量は大きくなるので，気温と湿度が高い時刻を選べばよい。

22 前線と天気の変化

Step A 解答　　本冊▶p.104〜p.105

① ▼▼▼　② ●●●　③ 前線面
④ 前線　⑤ 温帯低気圧　⑥ 寒　⑦ 寒　⑧ 寒冷
⑨ 暖　⑩ 温暖　⑪ 気団　⑫ 寒気団　⑬ 暖気団
⑭ 前線面　⑮ 前線　⑯ 寒冷前線　⑰ 積乱雲
⑱ にわか　⑲ 下がる　⑳ 温暖前線
㉑㉒ 乱層雲，層雲 (順不同)　㉓ 上がる
㉔ 停滞前線　㉕ 温帯低気圧　㉖ 寒冷　㉗ 温暖
㉘ 寒冷　㉙ 閉塞　㉚ 台風

解説

ここに注意

・前線記号は進行方向にかく。

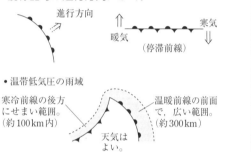
(停滞前線)

・温帯低気圧の雨域

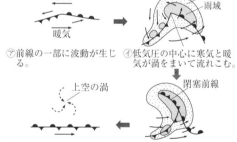
寒冷前線の後方にせまい範囲。(約100km内)
温暖前線の前面で，広い範囲。(約300km)
天気はよい。

㉕〜㉙ 温帯低気圧の発生と消滅 (閉塞前線)

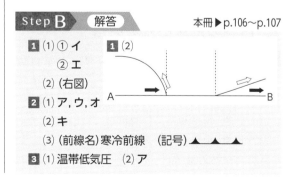

⑦前線の一部に波動が生じる。
⑧低気圧の中心に寒気と暖気が渦をまいて流れこむ。
⑨寒冷前線が温暖前線に追いつき，閉塞前線となる。
⑩閉塞前線は低気圧の中心部で上空にまき上がり，低気圧は消滅する。

Step B 解答　　本冊▶p.106〜p.107

1 (1) ① イ
　　　② エ
　　(2) (右図)

1 (2)
前線の断面図（A〜B の線上に寒冷前線と温暖前線）

2 (1) ア，ウ，オ
　　(2) キ
　　(3) (前線名) 寒冷前線　(記号) ▲▲▲

3 (1) 温帯低気圧　(2) ア

(3) (Zのような前線では,)寒気が暖気をおし
　　上げながら進む。
(4) オ
4 (1) 寒冷前線　(2) ウ　(3) ア

解説

1 (1)① 日本付近では,低気圧の南東側に温暖前線,
南西側に寒冷前線ができることが多い。前線Dの模
式図からも,暖気が寒気の上にはい上がりながら進
んでいるのがわかるので,温暖前線である。
② 温暖前線では,暖気はゆるやかに上昇するため,
層状の雲ができ,弱い雨が長時間降り続けることが
多い。
(2) 前線Cは寒冷前線である。寒気が暖気の下にもぐり
こみ,暖気をおし上げながら進む。
2 (1) 風力の矢羽根をよく見て,中心に向かって左ま
わりに吹きこんでいるものを選ぶ。
(2) 図2より進行方向がB⇒Aになっている。暖気が寒
気をおし進んでいるものを選ぶ。
(3) 南西にのびていた寒冷前線は,温暖前線より速く進
むので,温暖前線に追いつき閉塞前線ができ,温帯
低気圧は消えていく。
3 (2) Yは温暖前線なので,雨を降らせる層雲を選べ
ばよい。
(3) 温暖前線と寒冷前線の進み方を覚えておくとよい。
(4) 寒冷前線が通過すると,気温は急激に下がり,気圧
は上がる。
4 (1) 温暖前線と寒冷前線の前線面の特徴を覚えてお
くとよい。
(2) 地点Pは寒冷前線の影響で強い上昇気流が発生し,
積乱雲ができる。地点Q,R,Sは温暖前線の影響
で層状の雲ができる。前線面に近いほど,低い位置
に雲ができ,雨が降りやすい。
(3) 寒冷前線が通過すると,気温が下がり,北よりの風
が吹く。

23 日本の気象と気象災害

Step A　**解答**　本冊▶p.108~p.109

① シベリア　② オホーツク海　③ 小笠原　④ 冬
⑤ 西高東低　⑥ 夏　⑦ 移動性高気圧　⑧ 停滞
⑨ 偏西風　⑩ 貿易風　⑪ 偏西風　⑫ 土砂くずれ
⑬ 水資源　⑭ シベリア　⑮ 小笠原
⑯ オホーツク海　⑰ シベリア　⑱ 西高東低

⑲ 北西　⑳ 小笠原　㉑ 南高北低　㉒ 南東
㉓ 移動性　㉔ 周期的　㉕ オホーツク海
㉖ 小笠原　㉗ 停滞　㉘ 秋雨　㉙ 熱帯
㉚ 偏西風　㉛ 西　㉜ 東　㉝ 豪雪　㉞ 水不足
㉟ 洪水　㊱ 生活用水

解説

⑲ 冬,日本海側に雪が
降り,太平洋側では,
乾燥したからっ風が
吹く。

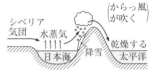

⑳~㉘ 梅雨(つゆ),夏,秋雨の時期の各気団の動き,
強さは,下の図のようになる。

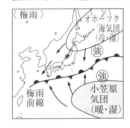
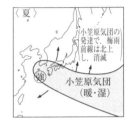

Step B-① **解答**　本冊▶p.110~p.111

1 (1) 冬　(2) シベリア気団
　　(3) 寒冷で,乾燥している。
　　(4) 積乱雲　(5) エ
　　(6) (右図)　(7) ウ

1 (6)

2 (1) (天気)晴れ　(風向)東　(風力)2　(2) D
　　(3) エ　(4) 小笠原気団　(5)① イ　② ア　③ イ
3 (1)① ア　② 寒冷前線　③ エ
　　④ (A)北東　(B)西　(C)晴れる
　　(2) (図3)エ　(図4)ア　(図5)ウ

解説

1 (1)~(4) 雲の流れのようすから,北西の季節風が
吹いており,冬の天気であることがわかる。シベリ
ア気団は乾燥しているが,そこから吹き出す風は日
本海をわたるときに海面から多量の水蒸気を受けと
り,日本の中央を走る山脈にぶつかり上昇し,積乱

雲を生じ，日本海側に雪を降らせる。

(5) Aはオホーツク海気団，Bは小笠原気団。

(6) 停滞前線の記号をかく。

(7) 停滞前線の南側は，小笠原気団におおわれている。雨が降るのは，停滞前線の北側である。

2 (2) この等圧線は4hPa間隔で引かれている。Dは1008hPa，B，Eは1004hPa，Cは996hPaである。

(3) 寒冷前線の通過にともなう天気の変化である。

3 (1)① 長野県付近は，暖気におおわれている。

② ③寒冷前線が通過すると，南よりの風が北よりの風に変わり，短い時間に強い雨が降る。また，寒気におおわれるので気温は下がる。

(2) 図3は小笠原気団が日本をおおっている南高北低の気圧配置，図4はシベリア気団が発達している西高東低の気圧配置，図5は停滞前線が横たわっている梅雨の気圧配置である。

Step B -② 解答　　本冊▶p.112～p.113

1 (1) 熱帯低気圧　(2) ともなわない。
(3) 水不足　(4) ア，ウ，オ，カ　(5) ウ
(6) イ　(7) 水資源

2 (1)(X) 偏西風　(Y) 海陸風　(2) エ
(3) 日本海を通るときに，暖流からの水蒸気を含んで大気が湿るから。
(4) 移動性高気圧

3 (1) 偏西風　(2)① イ　② エ

解説

1 台風は，北太平洋西部，東シナ海などで発生する，最大風速が17.2m/s以上の熱帯低気圧のこと。アジア大陸，日本列島などに上陸する。中緯度あたりを吹く偏西風により，東よりに進路を変更し，発達している北太平洋高気圧(小笠原気団)のへりに沿って北上する。台風は，災害をもたらす一方で，水資源の恵みをもたらし，地球規模的にも，赤道付近の熱を極地方へ移動させ，熱的調和をはかる役割も担っている。

2 (2) 昼はあたたまりやすい陸上の気圧が低くなり，あたたまりにくい海上の気圧が高くなる。反対に，夜は冷えやすい陸上の気圧が高くなり，冷えにくい海上の気圧が低くなる。

(4) 移動性高気圧は，偏西風の影響で西から東へ移動する。移動性高気圧と移動性高気圧の間は気圧の谷となり低気圧ができるため，同じ天気が長続きしない

ことが多い。

3 (2) シベリア気団は冬に発達し，小笠原気団は夏に発達する。

Step C -② 解答　　本冊▶p.114～p.115

1 (1) ア　(2) ウ

2 (1) (記号) エ
(前線) 気温が急に下がっているから。
(天気) 湿度が高いから。
(2) 地上が寒気におおわれ，上昇気流が発生しにくくなるから。

3 (1) エ　(2) 天気と風向が変化したから。
(3) オホーツク海気団と小笠原気団の勢力がほぼ同じになるから。
(4)① 高気圧と低気圧が次々に西から東へ移動するから。
② 西高東低の気圧配置になるから。

解説

1 (1) 停滞前線は，寒気団と暖気団の勢力がほぼ同じときに，動かなくなり停滞する前線のことである。

(2) 図1より，地点Aは18時ごろに気温が急に下がり，風向が南西から北西に変化しているので，ここで寒冷前線が通過したことがわかる。また，図2より，地点Bは18時ごろから気温が上がっているので，温暖前線が通過したことがわかる。

2 (1) 温暖前線や寒冷前線が通過するときの，気温，湿度，気圧の変化を覚えておくとよい。

(2) 閉塞前線は，寒冷前線が温暖前線に追いついてできる。前線面では，暖気が上空に移動するときに上昇気流ができる。

3 (1) 日本付近の低気圧は，偏西風の影響で西から東や，南西から北東に進むものが多い。

(2) 温暖前線付近では弱い雨が長時間降り続くことが多い。温暖前線が通過すると，南よりの風が吹く。寒冷前線付近では，強い雨が短時間に降ることが多い。寒冷前線が通過すると，北よりの風が吹く。

(3) 冷たく湿ったオホーツク海気団とあたたかく湿った小笠原気団がぶつかる。

(4)① このように移動する高気圧を移動性高気圧という。
② 冬は冷えたユーラシア大陸上でシベリア高気圧が発達する。

総合実力テスト

解答

本冊 ▶ p.116〜p.120

1 (1) 16 Ω　(2) (磁石)イ　(電流)ウ
(3) (動き)大きくなる。　(向き)A
(4)① イ　② エ　(5)① オ　② カ

2 (1) H_2O　(2) エ
(3) (先に火を消すと, 石灰水が)試験管の中に流れこんで, 試験管が割れることがあるから。
(4)① C　② CO_2　(5) 還元　(6) 2.8 g

3 (1) イ　(2) (名称)反射　(記号)ア
(3) ひとみが小さくなった。

4 (1) だ液がなければ, デンプンは分解されないことを確かめるため。
(2) (変化したもの)糖　(わかること)だ液のはたらきは, 5℃より40℃のほうがよい。
(3)① すい臓, 小腸　② 小腸

5 (1)①(a)イ　(b)(c)ウ, エ(順不同)
② (はたらき)呼吸(内呼吸)　(記号)F
(2)① (記号)E　(名称)核
② (記号)C　(名称)液胞

6 (1) ア　(2) 露点
(3) ビーカーのまわりの空気が冷やされて水蒸気が水滴になったから。
(4)① 500 m　② 38℃

7 (1)① ウ　② 葉の裏に気孔が多くあるため。
(2) デンプン　(3) イ

8 (1) 蛍光灯　(2) エ
(3)① 電気ストーブ　② 電圧　③ 電力
(4) 2360 Wh

9 (1) (風向)北北西　(風力)2　(天気)雪　(2) ウ

解説

1 (1) $8\,V \div 0.5\,A = 16\,Ω$
(2) 磁石では磁界の向きはN極からS極に, 電流では右ねじの法則で, 右まわりになる。
(3) 電熱線の抵抗を小さくすると流れる電流は大きくなり, コイルは大きくふれる。動く向きは右の図のように考えてAとなる。
(4) 発光ダイオードは, 足の長いほうから短いほうにだけ電流が流れて点灯する。逆方向につないでも点灯しない。図3でN極をコイルに近づけたとき検流計

の針が右にふれたことより, A端子→検流計→B端子へと電流が流れたことになる。
①の回路には, A端子から電流が入るので, 右の黄が点灯するが赤には流れない。②では2つとも電流は流れない。
(5) 図4ではN極が近づいたり, 遠ざかったりすると考える。近づくときは①の回路ではA端子から入るので黄が点灯し, 遠ざかるときは逆でB端子から電流が流れこむので赤が点灯する。黄と赤が交互に点滅することになる。
②の回路では, N極が遠ざかるときのみ, 赤, 黄に電流が流れこみ, 同時に点滅する。

2 (1)(2) 炭酸水素ナトリウムを加熱すると, 分解して二酸化炭素と水蒸気を出して, 炭酸ナトリウムの白い粉末が残る。炭酸ナトリウムは水に溶けると強いアルカリ性を示す。
(6) 4.0 gの銅と1.0 gの酸素が結びついて5.0 gの酸化銅ができる。すなわち, 酸化銅の質量の $\dfrac{4}{5}\left(\dfrac{4.0}{5.0}\right)$ が銅の質量である。

3 (1)① の行動では大脳がはたらいている。
(2) 生命にかかわる危険なことが起きた場合は, 大脳などを経由しないで, すぐに反応が起こる。これは, その危険なものから身を守るためのものである。
(3) 暗い所から急に明るい所へ出ると, 強い光から眼を守ろうとして, 瞳孔(ひとみ)が小さくなる。これも, 強烈な日射しから身を守る反射の一種である。

4 (2) ヨウ素液はデンプンの有無を, ベネジクト液は糖の有無を調べるもの。
(3)① デンプンは, だ液・すい液・小腸の壁の消化酵素によって分解される。
② 小腸はその他にも, タンパク質や脂肪も吸収する。

5 (1) 呼吸は, 葉緑体のAで行われる光合成とは逆の反応で,

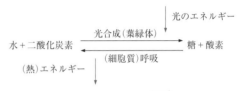

の関係にある。なお, 呼吸は細胞質中のミトコンドリアで行われる。
(2)① 赤血球, 白血球も細胞であるが, 赤血球には核がない。

30

② 成長した細胞では，液胞がよく発達して大きい。この中に，カキやリンゴなどでは糖分を多く含む。

・表皮細胞には葉緑体は含まれないが，気孔のまわりの孔辺細胞だけには葉緑体がある。

・道管も細胞からできている。これは，死んだ細胞で，細胞壁が管の壁になってつながっている。

・赤血球のヘモグロビンは，細胞質に含まれる。

なども，たいせつである。

6 (1) 10℃でくもり始めたので，そのときの水蒸気量は，グラフから 10 g。したがって，25℃の湿度は，
$10 \div 22 \times 100 = 45.4$ 〔％〕

(4) ① 実際の水蒸気量を求めると，
$30\,\text{g} \times 0.75 = 22.5\,\text{g}$
となり，表より，この空気の露点は 25℃ である。図ではちょうど B 地点の所である。そこで，100 m の上昇で 1℃ 下がることから，B 地点の高さを x〔m〕とすると，
$100 : 1 = x : (30 - 25)$　$x = 5 \times 100 = 500$ 〔m〕

② 山頂の温度は，B 地点から雲ができているので，
$25℃ - 0.6 \times (2000\,\text{m} \div 100\,\text{m}) = 13℃$
山頂から D 地点までは，2500 m の高さの差があるので，$(2500 \div 100) \times 1 = 25$〔℃〕の温度上昇が起きる。したがって，$13 + 25 = 38$〔℃〕となる。

7 (1) ① ワセリンの塗り方から，蒸散する場所は，
A：葉の裏・茎　B：茎　C：葉の表・裏・茎
葉の表からの蒸散量 ＝ C － A
　　　　　　　　　　 ＝ 4.0 － 3.2 ＝ 0.8 〔cm³〕
葉の裏からの蒸散量 ＝ A － B
　　　　　　　　　　 ＝ 3.2 － 0.4 ＝ 2.8 〔cm³〕
となる。

② 気孔は葉の裏に多い。

8 (1) 電力＝電流×電圧より，100 V のときに流れる電流の量 x〔A〕は，それぞれ次のようになる。
(蛍光灯) 60 W ＝ xA × 100 V
ゆえに　$x = \dfrac{60}{100} = 0.6$ 〔A〕

(電気ストーブ) $x = \dfrac{1000}{100} = 10$ 〔A〕

(テレビ) $= \dfrac{120}{100} = 1.2$ 〔A〕

これより，電気抵抗 R〔Ω〕は，オームの法則より，$R = \dfrac{V}{I}$ なので，それぞれの電気器具の電気抵抗は，次のようになる。

(蛍光灯) $R = \dfrac{100}{0.6} =$ 約 166.7 〔Ω〕

(電気ストーブ) $R = \dfrac{100}{10} = 10$ 〔Ω〕

(テレビ) $R = \dfrac{100}{1.2} =$ 約 83.3 〔Ω〕

これより，電気抵抗が最も大きいのは，蛍光灯である。

　電圧が同じで，ワット数の異なる器具では，「同じ電圧を加えたとき，ワット数の大きいものほど，大きい電流が流れ，抵抗値が小さい。」ことがわかる。

(2) 家庭用の配線は，並列回路になっている。

(4) 使用合計電力 ＝ 1000 ＋ 120 ＋ 60 ＝ 1180 〔W〕
電力量は，1180 W × 2 時間 ＝ 2360 Wh

9 (1) 風向は，観測点に向かっての向きになる。また，代表的な天気記号は覚えておくこと。

(2) 典型的な冬型の気圧配置である。西に高気圧，東に低気圧の配置で，等圧線が縦じま模様になると，北西の風が日本付近で吹く。このとき，日本海側では大量の雪が降りやすい。